AI工具超易上手

Kimi+百度文心+豆包+通义千问+智谱清言

刘溪倩 编著

化学工业出版社
·北京·

内 容 简 介

本书汇集了多个AI工具的使用案例，全面细致地介绍了文心一言、智谱清言、豆包大模型等各项特色功能和使用方法，力求通过简洁明了的语言和图文并茂的形式，让读者快速掌握各个AI工具的基本操作方法。

本书共8章，第1章介绍了AI的基本知识，如什么是AI工具、AI工具的类型等；第2章全面展示了AI指令词的技巧和框架；第3～7章分别针对Kimi、文心一言、豆包、通义千问、智谱清言5个常用AI工具进行了详细介绍和案例展示；第8章专门为读者答疑解惑，介绍了一些AI工具的常见问题。

本书内容结构清晰，案例丰富，不仅适合对人工智能领域有兴趣的广大读者，也十分适合有高效办公需求的职场人士阅读。

图书在版编目(CIP)数据

AI工具超易上手 : Kimi+百度文心+豆包+通义千问+智谱清言 / 刘溪倩编著. -- 北京 : 化学工业出版社, 2026. 1. -- ISBN 978-7-122-49418-4

Ⅰ. TP18

中国国家版本馆CIP数据核字第2025LS8434号

责任编辑：王婷婷　　封面设计：异一设计
责任校对：王　静　　装帧设计：盟诺文化

出版发行：化学工业出版社（北京市东城区青年湖南街13号　邮政编码100011）
印　　装：大厂回族自治县聚鑫印刷有限责任公司
710mm × 1000mm　1/16　印张$11^{1}/_{2}$　字数240千字　2026年1月北京第1版第1次印刷

购书咨询：010-64518888　　售后服务：010-64518899
网　　址：http://www.cip.com.cn
凡购买本书，如有缺损质量问题，本社销售中心负责调换。

定　　价：79.00元

序　言

在这个信息爆炸、技术日新月异的时代，人工智能正以其独特的魅力和潜力，深刻地改变着我们的工作和生活方式。从提高工作效率到增强创造力，从简化日常任务到推动行业创新，AI工具的应用范围日益扩大，其影响力也日益深远。本书应运而生，旨在为广大读者提供一个全面、深入的AI工具指南，帮助大家更好地理解和运用这些强大的技术工具。

本书不仅探索AI工具的多个方面，包括但不限于AI绘画、AI写作、AI视频制作、AI音频制作，以及机器学习与开发等，而且介绍各种流行的AI工具，如Kimi Chat、智谱清言GLM-4、讯飞星火3.5等，它们在各自的领域内展现出了卓越的性能和创新能力。通过深入剖析这些AI工具的技术特点和应用场景，能够帮助读者更好地使用AI工具，提高学习、工作的效率和生活质量。

◎ 本书特色

5大AI工具　全面学习主流AI工具

本书介绍的Kimi、文心一言、豆包、通义和智谱清言，都是目前国内主流的AI工具，功能强大，各具特色，能够满足不同用户的各类需求。

59个应用场景　详解各类AI应用需求

本书全面涵盖当前AI工具的主要应用领域，从AI写作、AI绘画、AI视频制作到AI音频编辑和机器学习等，确保读者能够一站式掌握AI工具在各类场景的应用方法。

90个实战案例　快速掌握AI使用技法

书中不仅介绍了AI工具的基本知识，还通过大量的实际案例，展示了AI工具在不同领域的应用思路和方法，让读者能够直观地看到AI工具的实际工作流程和成效。

17集视频教学　轻松迈入AI智能时代

本书附赠的教学视频，详细演示了AI操作的各个步骤，确保读者能够轻松入门，快速精通，迈入AI智能的新时代。

◎ 学习方法

本书的主体部分——各个AI工具的详细介绍，在整本书中是并列关系，章与章之间并没有直接的逻辑关联性，因此，读者既可按章节的顺序进行阅读，也可根据自己的兴趣爱好跳跃式阅读。每章内容都是精心设计过的，可以帮助读者由浅入深地学习热门AI工具的使用方法。同时，根据实际需要，读者还可以在阅读的过程中进行实际操作，这将有助于更深入地理解相关功能并提升实际应用能力。

需要注意的是，书中问答模块的回答部分均由相应的AI工具自动生成，受限于篇幅，考虑到易读性，有些内容编者会在原回答的基础上进行一定的精简或修改。机器生成的内容难免有纰漏，建议读者在使用的过程中注意甄别。特此说明。

◎ 写在最后

随着AI技术的不断进步，我们可以预见，AI工具将变得更加智能、更加易于使用，并将更深入地融入我们的工作和生活之中。希望这本书能够成为读者探索AI世界的重要伙伴，帮助大家解锁AI的无限可能。

在这个AI技术日益成熟的时代，让我们一起开启这段激动人心的旅程，探索AI工具的奥秘，拥抱智能未来!

编著者

目录

第 1 章　AI 工具：不可或缺的智能伙伴

自1997年，IBM研制的超级计算机“深蓝”在标准比赛时限内以3.5：2.5的累计积分击败了国际象棋世界冠军卡斯帕罗夫时，其结果激起了人类与机器之间的浪花。而自2022年11月ChatGPT诞生那天起，一个新的时代——人工智能时代，已经悄无声息地到来。与此同时，如雨后春笋般的AI工具日益成为人们生活中不可或缺的智能伙伴，与人们的学习、工作及生活密不可分。

本章将以AI工具为核心展开叙述，主要包括AI工具的介绍、AI工具的7种类型、基于3个衡量标准帮助读者选择最适合自己的AI工具3个方面。

1.1 什么是 AI 工具

生活在这个信息爆炸的时代，“专注力”越来越成为一种稀缺的品质和能力。有不少人表示自己迫切需要一种工具来帮助他们过滤、筛选信息，从而将精力聚焦于核心问题上。幸运的是，AI工具就能满足上述需求，它不仅能帮助使用者提高工作效率、节约成本，还能激发使用者的创新思维。

1.1.1 AI工具概述

在介绍AI工具之前，先来了解一下“AI”。

1. 人工智能

人工智能的英文全称为Artificial Intelligence，AI是其缩写。因为AI这个术语更加简洁且易于理解，同时能够涵盖人工智能技术的核心概念，于是人们现在通常称呼为AI而不是人工智能。人工智能又称智械、机器智能，指由人制造出来的可以表现出智能的机器，或者指通过普通计算机程序来呈现人类智能的技术，如图1-1所示。

图 1-1

2. AI工具

人们现在普遍认为的AI工具，是指利用人工智能技术开发出来的各类应用程序、软件、硬件及服务的总称。例如，目前国内市场上主流的几个AI工具为文心一言、豆包和讯飞星火等，如图1-2所示。

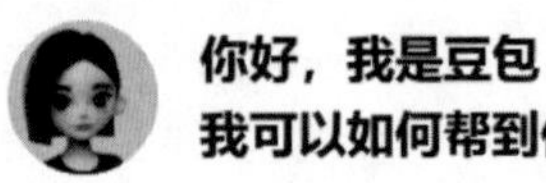

图 1-2

这些工具通过模拟和学习人类的行为与思维，利用机器学习、自然语言处理、计算机视觉等先进技术，对大量数据进行分析和处理，最终实现了任务自动化、业务流程优化及智能化决策等功能，在医疗、金融、教育、零售和制造业等领域得到了广泛应用。

1.1.2 AI工具的作用

随着AI技术的飞速发展，AI工具在各行各业的应用也日益广泛。它们不仅提升了工作效率，还优化了决策过程、增强了用户体验，更重要的是它们将人们的头脑从琐碎、单一又枯燥的工作任务中解放出来，推动了人们创新思维和创新应用的发展。

1. 自动化与效率提升

自动化与效率提升的作用在各个领域都有所体现。例如，原来需要绞尽脑汁一整天才想出来一个粗糙的活动方案，现在只需要下达AI指令，准确告知自己的需求，不出5分钟，AI工具就能自动生成一篇完整可行的方案报告；又如，数据表格整理起来费时又费力，一个星期都完成不了的工作量直接导入到AI工具中，不出半小时就能整理完毕，大大提高了工作效率，降低了时间成本。

2. 智能分析与决策优化

“智能分析与决策优化”的功能在医疗影像诊断中的作用至关重要。在医疗领域合理而高效地运用相关AI工具，能够显著提高诊断的准确性和效率，减少因错误决策而造成的医疗事故。与此同时，AI工具还能辅助医生进行疾病预测和风险评估，为临床决策提供有力的支持。

3. 个性化服务与体验增强

AI工具中“个性化服务与体验”的作用在电子商务领域（以下简称电商）的应用比较广泛，通过个性化推荐，电子商务平台能够更好地满足用户的需求，提高用户的黏性和转化率，提升用户的满意度和忠诚度。

例如，在电子商务领域，AI工具可以通过智能推荐系统，根据用户的兴趣爱好和购买行为推荐商品，也就是我们常说的“大数据推送”。例如，阿里巴巴的推荐算法就能够实时分析用户的浏览和购买记录，为用户推荐个性化的商品列表，以提高商品转化率和用户满意度，如图1-3所示。

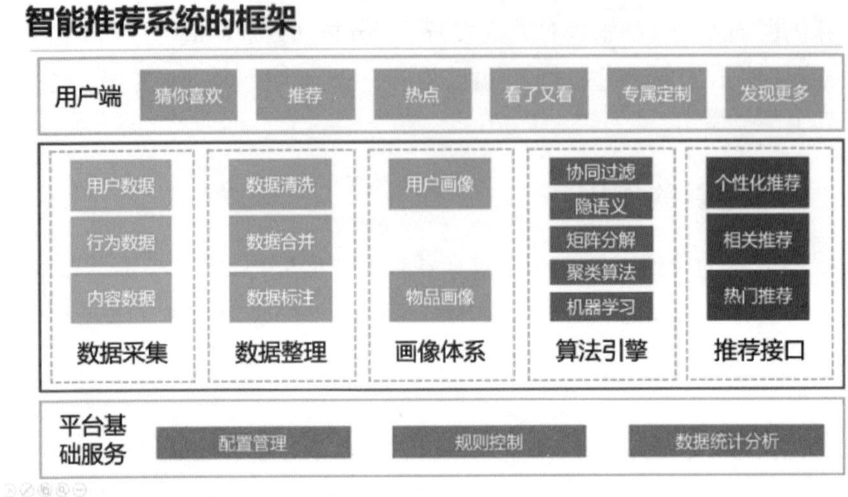

图 1-3

4. 创新应用与产业升级

AI工具在智能制造和自动化生产线中的应用，能够推动产业升级和产业转型。通过自动化和智能化生产，企业能够提高生产效率和质量，降低生产成本和风险。同时，AI还能优化生产流程，提高资源利用率和可持续发展能力。

例如，在汽车制造业中，AI驱动的机器人和自动化系统已经广泛应用于焊接、组装和涂装等生产环节。这些机器人能够精确地执行复杂的操作，避免了人为错误和疲劳带来的影响，如图1-4所示。

图 1-4

5. 改善生活品质与公共服务

AI工具在智能家居领域的应用，能够改善人们的生活品质，提高生活的便利性和舒适度。通过智能化管理，用户能够更轻松地控制家居设备，享受更加舒适、便捷的生活。

例如，智能家居系统可以通过AI技术，实现家居设备的远程控制和智能化管理，如图1-5所示。除此之外，用户还可以通过手机App或语音助手来控制家里的空调、电视等设备，实现智能化的生活体验。

图 1-5

综上所述，AI工具在自动化与效率提升、智能分析与决策优化、个性化服务与体验增强、创新应用与产业升级、改善生活品质与公共服务等方面发挥着重要作用。随着技术的不断发展和应用的深入拓展，AI工具将在更多领域发挥更大的作用，为人们的生活和工作带来更多便利和可能性。

1.2　AI 工具的类型

随着人工智能技术的飞速发展，AI工具已经渗透我们生活的方方面面，涵盖从写作、图像处理到视频制作，再到办公、对话聊天和语音翻译等多个领域。本节将聚焦于AI工具的类型，分别介绍AI写作工具、AI图像工具、AI视频工具、AI办公工具、AI对话聊天工具、AI语音翻译工具及其他类型AI工具方面的真实应用实例，以展现AI技术的广泛影响力和无限潜力。

1.2.1　AI写作工具

AI写作工具是一种利用人工智能技术，如自然语言处理（NLP）和机器学习（Machine Learning）算法，辅助或自动进行文本创作的软件或平台。AI写作工具具有持续学习的能力，可以根据用户输入的指令信息不断优化、改进写作效果，自动生成文章、报告等各种文本，适用于新闻、评论、广告、论文等多个领域。AI写作工具对那些经常从事文字工作的作家、自媒体文案人员和活动策划人员来说非常友好。

那么，AI写作到底有哪些优势呢？编者在这里总结了AI写作的4个优势，内容如下。

- 快速生成文章。AI写作工具就像一台超级打字机，能够根据指令自动化生成大量内容，只需要几分钟甚至几秒就能完成人工几小时才能写好的文章，效率极高，尤其适用于需要快速产出大篇幅内容的场景，如新闻聚合、电子商务产品描述等。
- 降低写作成本。因为效率高，所以，运用AI进行写作能有效减少对专业写手或编辑的依赖，从而降低人力成本。另外，AI不需要睡觉，可以24小时不间断工作，不管什么时候需要它的辅助，它都可以立即回应，帮助用户提高工作效率，节约时间成本。
- 创意辅助和灵感来源。相信很多人在写作时最苦恼的事情就是没有创作灵感，所以写作常常拖延。有了AI的助力，用户可以把写作关键词发给AI，它能给用户提供不同的灵感和多样化的表达方式，促进创意碰撞。例如，如果想写一本小说，但不知道该怎么规划故事情节，这时，使用AI就能立马获得一份故事线完整的大纲，按照这个思路进行创作、修改和优化，很快就能完成小说框架的搭建，方便又快捷。
- 质量保证。AI能通过智能算法确保内容的语法正确性和逻辑连贯性，人为错误相对较少，能有效提高文章的整体质量。除此之外，AI基于广大数据进行写作，资源丰富、数据严谨，用户只需要给出准确的提示词，它马上就能写出一篇不低于专业作家水准的文章，质量上乘有保证。

当前市场上流行的AI写作工具有很多，如Ulysses、Copysmith、腾讯写作助手、笔灵AI写作、讯飞写作、智媒写作、聪明灵犀等，这些工具各具特色，能够满足不同用户的需求。

1.2.2 AI图像工具

AI图像工具是指利用人工智能技术，如计算机视觉和深度学习算法，对图像进行分析、处理、识别、生成和优化的软件或平台。这些工具能够自动提取图像中的特征信息，进行高效的图像处理和智能分析，广泛应用于图像处理、设计、医疗、安全监控等多个领域。

AI图像工具具备多种功能，包括但不限于以下几点。

➢ 图像识别：能够自动识别图像中的物体、人脸、场景等，并进行分类和标记。

➢ 图像分析：对图像内容进行深入分析，提取关键信息，如颜色、纹理、形状等。

➢ 图像生成：通过深度学习算法，生成高质量、逼真的图像，包括静态图片和动态视频。

➢ 图像处理：包括图像压缩、裁剪、旋转、滤镜应用等基本操作，以及更复杂的图像分割、目标检测等功能。

➢ 图像优化：根据特定需求，自动调整图像参数，如亮度、对比度、饱和度等，提升图像质量。

相比那些传统的图像处理方式，AI图像工具具有以下显著优势。

➢ 高效性：AI图像工具能够快速处理大量图像数据，提高处理速度和效率。

➢ 准确性：通过学习和训练，AI算法能够识别图像中的特征和模式，提供高精度和准确的结果。

➢ 智能化：自动识别、分类和标记图像内容，减少人工干预，降低人力成本。

➢ 适应性：能够根据不同图像类型和处理需求自动调整和优化算法。

➢ 可扩展性和持续学习：随着数据量的增加和算法的改进，AI系统的性能可以不断提升，并具备持续学习的能力。

AI图像工具非常适用于设计师、医学影像分析人员、安全监控人员及研究人员等人群，对于帮助他们快速、高效、准确完成任务有很大的帮助。国内常见的AI图像工具众多，它们各自拥有独特的功能和优势。

1.2.3 AI视频工具

AI视频工具是指利用人工智能技术辅助视频创作、编辑和生成的软件或平台。这些工具能够通过分析大量数据，学习视频制作的各种风格和技巧，然后自动生成符合用户需求的视频内容，或者辅助用户更高效地完成视频创作任务。这类工具的出现极大地提高了视频制作的效率和质量，降低了创作门槛，使得更多人能够参与到视频创作中来。

1.2.4 AI办公工具

AI办公工具是指集成了人工智能技术的办公软件或平台。这类工具旨在提高办公效率、优化工作流程，并帮助用户更智能地完成各项任务。通过自动化、智能化和数据分析等功能，这些工具实现了对传统办公方式的革新。

AI办公工具的核心特点包括以下几点。

- 自动化处理：能够自动执行一些常规、重复性的办公任务，如文件整理、数据录入、会议安排等，从而减轻人工负担。
- 智能辅助：提供智能提示、建议或预测，能帮助用户更高效地做出决策或完成工作。
- 数据分析与可视化：集成数据分析功能，能够处理大量数据，提供可视化报告，帮助用户更好地理解业务状况。
- 个性化定制：根据用户的使用习惯和需求，提供个性化的界面、功能或服务。
- 跨平台协作：支持多平台、多设备使用，方便团队成员之间的协作与沟通。

目前市场上已经出现了多种AI办公工具，涵盖文档处理、邮件管理、日程安排、会议组织、项目管理等多个方面。这些工具通过不断学习和优化，致力于为用户提供更加便捷、高效的办公体验。

1.2.5 AI对话聊天工具

AI对话聊天工具是指利用人工智能技术，特别是自然语言处理（NLP）技术，来模拟人类对话的计算机软件或应用程序。这些工具能够与用户进行实时、自然的文本或语音交流，理解用户的输入（无论是文字还是语音），并生成相应的、有意义的回复。

AI对话聊天工具的核心在于其自然语言处理能力，具体内容如下。

- 语言理解：能够解析用户的输入，理解其含义、意图和上下文。这涉及对词汇、语法、语义及语用等多个层面的处理。
- 知识库与推理：为了生成恰当的回复，AI对话聊天工具需要依赖庞大的知识库，包括常识、专业知识、用户偏好等。同时，它还需要具备推理能力，以便在复杂的对话场景中做出合理的回应。
- 生成回复：基于对用户输入的理解，AI对话聊天工具会生成相应的回复。这些回复可以是简单的语句，也可以是复杂的对话流，旨在与用户保持连贯、自然的交流。
- 学习与适应：许多AI对话聊天工具还具备自我学习和适应的能力。它们可以通过分析用户的反馈和交互数据，不断优化自身的性能和表现，提供更加个性化的服务。

AI对话聊天工具在多个领域都有广泛的应用，如客户服务、在线教育、娱乐陪伴、心理咨询等。它们能够为用户提供24小时不间断的服务，解决用户的问题，提供有用的信息，甚至陪伴用户度过孤独的时光。随着人工智能技术的不断进步，AI对话聊天工具的性能和智能化程度也在不断提升，未来有望在更多领域发挥重要作用。

1.2.6　AI语音翻译工具

AI语音翻译工具是指利用人工智能技术，特别是语音识别（Speech Recognition）和自然语言处理（NLP）技术，实现语音到语音或语音到文本翻译的软件或应用程序。这类工具能够接收用户的语音输入，将其转换成文本，然后进行翻译，并最终以语音或文本的形式输出翻译结果。

以下是AI语音翻译工具的特点。

- 高效性：AI语音翻译工具能够在短时间内完成大量语音内容的翻译工作，大大提高了翻译效率。
- 准确性：经过大量训练的AI模型能够准确理解用户的语音输入，并生成高质量的翻译结果。然而，在某些特定领域或复杂语境下，翻译的准确性可能仍需提高。
- 实时性：部分AI语音翻译工具支持实时翻译功能，即用户在说话的同时就能得到翻译结果，这对于需要即时沟通的场景非常有用。
- 便携性：随着智能手机和移动互联网的普及，许多AI语音翻译工具都提供了移动应用版本，用户可以随时随地使用这些工具进行翻译。
- 多语言支持：AI语音翻译工具通常支持多种语言的翻译，用户可以根据需要选择源语言和目标语言。

目前，市面上有许多知名的AI语音翻译工具，如谷歌翻译、百度翻译、有道翻译等。这些工具不仅支持文本翻译功能，还提供了语音翻译功能，能够满足用户多样化的翻译需求。

1.3　如何选择适合自己的 AI 工具

选择AI工具时需要考虑多个因素，以确保所选工具能够满足需求、易于使用，并且与其他系统或工具兼容。接下来编者将会从选择合适工具的考量因素、根据需求进行选择和考虑工作的兼容性与易用性这3个方面分享一些可行的建议，内容如下。

1.3.1 选择合适工具的考量因素

评估一件事能不能行，会有多角度的衡量标准，选择工具也是一样，以下4个考量因素：明确需求、明确性能、计算成本、可拓展性和定制型，将帮助用户更快筛选出和自己更匹配的工具。

1. 明确需求

在明确需求时，要具体到想要解决的问题。例如，同样是识别一份文件，根据文件类型的不同，可以分为图像识别、文本识别和语音识别，只有清晰地知道自己想通过工具实现什么样的效果，达到什么样的目的，才能更高效地寻找到合适自己的工具。同时，深入了解数据类型、数据数量及质量，确定想要解决的问题或实现的目标，这一点也是非常重要的。

实践案例：假设你是一家电子商务公司的数据分析师，想要通过AI工具来预测哪些商品会热销。那么，第一步就是明确你的需求是预测销售，基于此，数据类型可能会包括历史销售数据、商品描述、价格等，按照这个思路去寻找，重点关注能获取这些数据的工具，将会帮助你得到一个初步的预测结果。

2. 明确性能

在选择工具时，要关注其性能表现，具体包括准确性、速度和效率。可以通过查看工具的官方文档、用户评价或进行试用测试等方法来评估其性能。

例如，如果你需要进行图像识别，那么可以随机选择几个图像识别工具，通过测试一些样本图像来评估其识别的准确性和速度，在控制同等变量的前提下，横向和纵向对比这几个图像识别工具各方面的性能，最后挑选出使用起来最方便快捷的那一款工具即可。

3. 计算成本

明确了需求及性能之后，在选择工具时，还需要考虑其使用成本。市场上流行的AI工具，有些工具是免费的，但有些可能需要付费才能使用全部功能，这难免会影响用户的试用体验。因此，在综合考量使用工具的频率、工具所带来的收益、不同工具之间的性价比后，再决定是否要承担这个成本不失为一个明智的选择。

另外，如果打算在云端运行模型，还需要考虑云服务费用。例如，在选择一个自然语言处理工具时，可以尝试着比较不同工具的定价模型，最后选择一个符合预算范围的工具。

4. 可拓展性和定制性

考虑未来需求，还可以选择一个可以定制和扩展的工具。这意味着可以根据自己的需要随时调整模型或算法，以适应新的数据或任务。例如，如果选择了一个机器学习框架，如TensorFlow或PyTorch，可以根据需要定制和扩展模型，如添加新的层或调整参数等。

1.3.2 根据需求进行选择

选择工具时考虑需求是非常重要的，因为不同的需求对应着不同的工具选择。这里编者提供了3个考量方向供大家参考，分别是任务类型、行业应用、用户社区和支持。

1. 任务类型

根据任务类型（如分类、回归、聚类、生成等）选择合适的工具，不同的工具可能在不同的任务上表现更好。例如，如果需要进行文本分类，可以选择像BERT这样的预训练模型，它在文本分类任务上表现优异。

2. 行业应用

考虑行业或领域是否有特定的AI工具或库，这些工具可能已经针对行业进行了优化，并提供了更好的性能。例如，如果在医疗领域工作，可以选择像DeepMind这样的工具，它已经在医疗图像分析方面取得了显著成果。

3. 用户社区和支持

选择一个拥有活跃用户社区的工具，这样可以在需要时获取帮助和支持。同时，还要考虑工具提供商是否提供技术支持和培训资源。例如，在选择一个机器学习框架时，可以查看其GitHub仓库的活跃度、用户论坛的活跃程度，以及是否有官方提供的教程和文档。

1.3.3 考虑工具的兼容性与易用性

选择工具时还需要考虑工具的兼容性与易用性。兼容性会直接影响工具的使用范围和效果，而易用性则能帮助使用者更快地学会使用工具的方法，达到提效增质的效果。

1. 兼容性

兼容性主要涉及工具是否能与不同的硬件、操作系统、应用程序、网络环境或移动设备无缝配合。如果工具不兼容，可能会产生以下影响。

- 导致使用范围受限，影响工具的普及和接受度。
- 影响工作效率，导致信息传输不畅或功能受限。
- 用户满意度下降，影响用户对工具的整体评价。

考虑兼容性是确保工具能够满足不同用户需求的关键因素之一。通过确保工具与各种环境和设备的兼容性，可以大大提高工具的可用性和用户满意度，从而提升工具的市场竞争力和用户基础。例如，在选择一个图像处理工具时，可以查看其是否支持操作系统（如Windows、Linux或Mac），以及是否支持常用的图像格式（如JPEG、PNG等），以此确保所选工具与现有系统兼容。

2. 易用性

选择一个具有直观用户界面的工具，同时，考虑工具是否提供了详细的文档和教程，这能够减少相应的学习成本。如果工具的操作不清晰或者学习步骤太复杂，这不仅会消解学习的热情，而且会加重学习的负担，增加不必要的学习时间成本。所以，如果要选择一个数据分析工具，那么可以先尝试着使用其用户界面，看看是否容易上手。同时，查看其官方文档和教程是否完善，最后再决定要不要使用这个工具。

3. 集成与部署

了解工具是否容易集成到现有的工作流程或应用程序中，同时考虑部署选项，如云服务、本地部署或混合部署等。例如，在选择一个机器学习模型部署工具时，可以查看其是否提供了易于使用的API和SDK，以便可以轻松地将模型集成到应用程序中。同时，考虑其支持的部署选项，以选择最适合需求的部署方式。

综上所述，选择AI工具时，首先需要明确自己的需求，考虑工具的性能、可扩展性、成本等因素，并根据任务类型、行业应用及用户社区和支持来做出选择。同时，确保所选工具与系统兼容，并且易于使用和部署。通过综合考虑这些因素，将能够找到最适合的AI工具。

2

第 2 章　秒懂 AI 指令：高效利用人工智能的秘诀

在这个日新月异的数字时代，AI正以惊人的速度渗透人们生活的方方面面，从智能家居的温馨陪伴到企业决策的精准辅助，无一不彰显着AI的潜能与魅力。然而，面对这一强大而复杂的工具，如何高效、准确地发出指令，让AI成为人们工作与生活的得力助手，是每位探索者亟需掌握的秘诀。本章将会详细介绍AI指令的多元化场景应用及AI指令的应用技巧，让AI成为推动个人成长与事业发展的强大引擎！

2.1 什么是AI指令

AI指令是指用于指导AI系统执行特定任务的命令或指令，这些指令通常以代码或编程语言的形式存在。用户对相应的大语言模型发出的指令越正确，就越能获得高质量的输出结果。本节将重点介绍AI指令的核心要素，以及构建高效AI指令的技巧，帮助用户快速掌握下达AI指令的方法。

2.1.1 AI指令的核心要素

AI指令构成了人工智能系统的“语言”，研发人员能够告诉系统应该做什么及如何做。在实际应用中，AI指令可以涵盖从简单的数据输入到复杂的决策推理等多个层面。

具体来说，AI指令的核心要素包括以下几点。

➢ 明确性：指令必须清晰、明确，以确保AI系统能够准确理解并执行任务。模糊的指令可能导致系统执行错误或无法完成任务。

➢ 逻辑性：指令之间需要有良好的逻辑关系，确保整个任务流程能够顺畅进行。这包括数据输入、处理、决策和输出等各个环节的指令。

➢ 可执行性：指令必须是可以被AI系统执行的，因此，在下达指令时会要求指令与系统的算法、模型和计算能力相匹配，以确保任务能够顺利完成。

➢ 灵活性：AI指令需要具有一定的灵活性，以适应不同的任务场景和需求变化。

2.1.2 构建高效AI指令的技巧

学会高效的AI指令技巧不仅能帮助我们获得准确、有效的信息，还能节省时间和精力。要想充分发挥各类AI工具的潜力，用户首先要学会正确地提问，明确具体的需求。编者整理了以下指令技巧，读者可以进行参考。

1. 具体化需求

在构建指令时，应尽可能具体地描述任务需求，明确自己想要获取的信息，避免提出过于宽泛或笼统的问题。例如，如果想要AI文本工具生成一篇文章，就不能只是简单地要求“生成一篇文章”，而应该明确文章的主题、长度、风格等具体要求。

例如，“请根据×××诗句中的具体意象写一篇关于‘爱情’的散文，要求语言简洁委婉，逻辑条理清晰，字数不少于1500字。”这样明确的提问有助于AI

提供更有针对性的答案。

2. 优化关键词

合理地运用关键词可以提高指令的准确性和效率，因此，用户在下达AI指令时，应该避免使用模糊、容易引起误会或者有歧义的词语，尽量使用清晰且具体的词语来表述问题。另外，添加一些特定的行业术语或技术词汇也能指导系统更精确地执行任务。

以文心一言为例，如果一个美妆博主想要一篇贴双眼皮贴技巧的文案，就可以在对话框中输入："我是小红书上的一个美妆博主，日常会分享一些化妆的小技巧，请你为我写一篇贴双眼皮贴的小技巧的文案。"

3. 考虑上下文语境

在构建指令时，应充分考虑系统的实际应用场景和目标，尽量提供足够多的背景信息。添加适当的上下文信息，可以帮助系统更好地理解指令的含义并做出响应。

例如，如果需要获取一些关于家装设计的建议，可以给AI提供地块、成本预算、设计风格等方面的具体信息，如"地块为95平方米，预算55万元，希望采用田园清新风格进行装修和设计，请问有哪些建议？"这样的指令将更有助于获取比较合理的答案。

4. 追问和优化

构建完指令得到答案后，如果有需要，用户还可以进一步追问和优化来获取更加准确的信息。不断调整和优化指令参数和逻辑结构，可以逐步提高系统的性能和稳定性。

例如，当用AI工具生成了一份数据报告时，如果答案不够详细，可以再次追问："请详细解释一下该报告中数据的构成以及动态变化。"另外，如果报告的表达形式太过单一、逻辑性不强，也可以下达进一步优化的指令："请将这份报告转换成图表的形式，并适当添加一些支撑性强的可靠案例。"这样的追问能帮助我们获得更详细、更准确、更接近需求的答案，从而优化了与AI工具的沟通效果。

2.2 利用框架提升指令质量

指令作为人与AI沟通的桥梁，其质量直接决定了AI执行的效果与效率，而构建高效、精准的指令，是成为提升指令质量的关键策略。接下来将深入探讨如何利用各类框架工具来确保指令的清晰性、明确性和可执行性，从而引导AI系统更加精准地理解任务，高效地完成目标。

2.2.1 A.P.E框架

A.P.E框架是一种用于构建高质量AI指令的实用方法，它通过明确指令的结构来帮助用户更有效地与AI系统进行交互。A.P.E分别代表行动（Action）、目的（Purpose）和期望（Expectation），以下是具体介绍。

1. 行动（Action）

在A.P.E框架中，行动指的是为了达到某个目的而需要执行的具体步骤或操作。这些行动是明确的、可执行的，并且直接关联到指令的完成。这一步骤确保了指令的清晰性和直接性，使AI能够准确理解需要执行的操作。例如，类似于“请为我写一份关于抖音直播的直播方案。”“编写一段要求为××××的视频脚本。”“我想学习制作生日蛋糕，请告诉我原料以及制作过程。”等，这些都属于直接行动指令。

以下这个案例是指令和行动的示范。

➢ 指令：“使用自然语言处理模型识别并分类邮件中的垃圾信息。”

➢ 行动：加载自然语言处理模型，读取邮件内容，分析邮件中的词汇、语法和上下文，根据预设的规则或模型预测结果将邮件分类为垃圾信息或正常邮件。

2. 目的（Purpose）

目的是指执行AI指令所希望达到的最终结果或目标。目的定义了为什么需要执行这些行动，以及这些行动完成后应该带来什么样的影响或改变。通过明确目的，尽可能地将目标量化，用户可以帮助AI理解任务的重要性和背景，从而更准确地执行任务。同时，这也为评估任务完成情况提供了标准。

➢ 指令：“优化机器学习模型以提高图像识别的准确率。”

➢ 目的：通过调整模型的参数、改进算法或增加训练数据等方式，使机器学习模型在识别图像时能够更准确地识别出目标对象，从而提高整体识别准确率。

3. 期望（Expectation）

在AI指令中，期望通常指的是对执行结果的一种预期或希望达到的标准。期望可能包括性能指标、质量要求、时间限制等方面的内容，这有助于确保AI系统在完成任务时能够符合用户的预期，用于评估指令执行的效果是否满足预期。

➢ 指令："在1分钟内，使用AI系统为用户推荐5个与其历史购买记录相关的商品。"

➢ 期望：AI系统能够在1分钟的时间限制内，根据用户的历史购买记录，快速且准确地推荐出5个与用户兴趣或需求相关的商品。这些推荐的商品应该具有较高的相关性和用户满意度。

A.P.E（行动、目的、期望）在AI指令中分别代表了为了实现某个目的而需要执行的具体步骤、执行这些步骤所希望达到的最终结果，以及对执行结果的一种预期或标准。这3个要素共同构成了AI指令的核心内容，指导着AI系统的运行和优化。

综上所述，A.P.E框架通过明确指令的结构和要素，提高了指令的清晰度、针对性和满意度，从而促进了人机交互的顺畅性和有效性。这也是使得A.P.E框架成为提升AI指令质量的重要工具之一。

2.2.2　B.R.O.K.E框架

B.R.O.K.E框架是一个在AI指令中用于构建清晰、结构化对话或任务的工具。它包含了背景（Background）、角色（Role）、目标（Objectives）、关键结果（Key Results）和改进（Evolve）5个部分，每个部分都对应着构建AI指令时需要考虑的关键要素，能够在帮助用户或开发者在与AI系统交互时，更准确地表达需求、设定目标，并监控执行结果。

接下来将以"AI辅助项目管理任务"的例子作为辅助，对B.R.O.K.E框架展开详细解释。

1. 背景（Background）

背景指的是用户提供充分的上下文信息，帮助AI系统理解任务或对话的背景环境。这包括任务的目的、相关情境、前提条件等。

例如，"假设你是一家科技公司的项目经理，负责一个复杂的软件开发项目。项目已经进入了关键阶段，但团队成员之间的沟通效率不高，导致项目进度受阻。为了解决这个问题，你决定引入AI助手来辅助项目管理。"这一段文字的描述就是在介绍指令任务的背景。

2. 角色（Role）

角色是指定用户或AI在交互中扮演的角色。明确角色有助于AI系统理解其应如何响应和行动，以及采用何种语气和风格进行交互。

例如，在上述所描绘的背景下，AI助手将扮演着"项目管理助手"的角色。

那么它的主要职责是协助项目经理跟踪项目进度、协调团队成员之间的沟通、提醒关键任务截止日期等。

3. 目标（Objectives）

阐述通过交互或任务希望实现的具体目标。这些目标应该是可衡量、可实现的，以便在任务完成后进行评估。

例如，引入AI助手的主要目标是提高项目管理的效率，具体包括以下3点。

- 自动化项目进度跟踪，减少人工干预。
- 实时提醒团队成员关键任务截止日期，避免延误。
- 汇总并分析项目数据，为项目经理提供决策支持。

4. 关键结果（Key Results）

定义成功的标准或者期望达到的关键结果，这将有助于明确任务完成的标志，并作为评估任务效果的依据。

例如，为了衡量AI助手在项目管理中的效果，可以设定以下关键结果。

- 项目进度跟踪的准确率达到95%以上。
- 任务提醒的及时率达到100%，确保没有遗漏。
- 项目经理每周能够节省至少5小时的时间用于处理项目管理事务。

5. 改进（Evolve）

改进是一个持续的过程，旨在根据实验结果和反馈来调整、改进指令或任务策略，不断优化AI系统的性能和用户体验。

例如，随着项目的进行，AI助手的性能可能会受到各种因素的影响。因此，用户应该定期评估AI助手的表现，并根据需要进行灵活的调整和改进。

- 根据团队成员的反馈，优化AI助手的交互界面，使其更加易用。
- 引入新的算法或模型，提高AI助手在任务分配和优先级排序方面的准确性。
- 定期对AI助手进行训练，以适应项目需求的变化。

B.R.O.K.E框架适用于多种需要清晰沟通目标和期望的场景，特别是在使用人工智能或聊天机器人进行交互时。以下是一些具体的应用场景。

- 客户服务：在客户服务中，B.R.O.K.E框架可以帮助明确顾客的问题、期望的服务角色、解决问题的目标、成功解决问题的标准及根据客户反馈持续改进服务。
- 信息检索：在信息检索方面，B.R.O.K.E可以用来描述信息需求的背景、期望的检索结果、检索的目标及评估检索结果的有效性。

- 教育和培训：在教育和培训场景中，B.R.O.K.E框架可以设定学习目标、定义教师角色、确定学习成果及根据学习反馈进行调整。
- 项目管理：在项目管理中，B.R.O.K.E可以帮助定义项目背景、项目经理的角色、项目目标、关键成功指标，以及根据项目进展进行调整。

B.R.O.K.E框架具有结构清晰、目标明确及持续改进的优势，具体内容如下。

- 结构清晰：B.R.O.K.E框架通过明确的5个部分，帮助用户构建结构化的AI指令，减少误解和错误执行的风险。
- 目标明确：通过明确目标和关键结果，用户可以更准确地表达需求，并评估任务完成的效果。
- 持续改进：改进（Evolve）部分强调了根据反馈进行改进的重要性，有助于不断优化AI系统的性能和用户体验。

综上所述，B.R.O.K.E框架是一个实用的AI指令构建工具，它通过提供清晰的框架和明确的要素，帮助用户更有效地与AI系统进行交互，实现预期的目标和效果。

2.2.3　T.A.G框架

T.A.G框架在AI指令中是一个用于组织和执行任务的实用框架，主要侧重于明确任务的目标、行动和最终结果，可以将其理解为一种帮助定义和执行AI任务或对话的实用工具。T.A.G分别代表任务（Task）、行动（Action）和目标（Goal）。

1. 任务（Task）

任务即明确交互或活动的主要任务。这是整个框架的起点，用户首先需要清晰地定义出需要完成的具体任务是什么。这既是为后续的行动和目标设定基础，也是为了确保所有行动都围绕核心任务展开。

2. 行动（Action）

行动可以解释为完成任务所需要采取的具体动作或步骤。行动应该是具体、可执行的，能够直接指导AI或用户如何操作。用户应该将任务细化为具体的操作指南，确保任务能够逐步完成。

3. 目标（Goal）

目标即阐述最终追求的结果或目标。目标是任务完成后希望达到的状态或效果，它定义了成功的标准，为行动提供了方向，确保所有努力都朝着实现最终目标前进。

例子，假设有一个基于AI的智能家居系统，用户希望通过该系统来控制家中的灯光。在这个场景下，可以使用T.A.G框架来定义指令。

- 任务（Task）：调整客厅灯光的亮度和颜色。这是一个明确的任务，指出了需要操作的对象（客厅灯光）和需要进行的操作（调整亮度和颜色）。
- 行动（Action）：唤醒智能家居系统（如通过语音指令"嗨，智能家居"）；发出调整亮度的指令（如"将客厅灯光亮度调至50%"）；发出调整颜色的指令（如"将客厅灯光颜色设置为暖白色"）。这些行动将任务分解为具体的、可执行的步骤，指导用户如何操作智能家居系统。
- 目标（Goal）：实现客厅灯光的舒适调节，以适应当前的环境或用户的偏好。

通过执行上述行动，最终客厅的灯光既不过亮也不过暗，而且颜色符合用户的期望。在实际应用中，用户可以根据具体场景和需求，将T.A.G框架与其他框架或方法相结合，不断进行灵活调整和优化，以提供更全面、更高效的解决方案。

2.3 AI指令的高级应用技巧

AI指令的高级技巧主要体现在指令的精确性、复杂性和灵活性上，这要求用户能够构建清晰、具体且符合AI系统理解的指令。此外，高级技巧还包括利用AI的推理和学习能力，通过历史数据和上下文信息来优化指令的执行结果。本节将详细介绍多轮对话与上下文管理、跨语言与多模态指令这两组技巧，帮助你快速理解它们的定义和特点。

2.3.1 多轮对话与上下文管理

多轮对话与上下文管理是AI交互中的重要组成部分，它允许AI与用户进行连续、自然的对话，而不仅仅是单次指令的响应。这要求AI系统能够理解和跟踪对话的上下文，包括用户之前的问题、回答以及相关的背景信息。

1. 多轮对话

"多轮对话"是AI领域，特别是在自然语言处理（NLP）和对话系统中的一个重要概念，指的是用户与AI系统之间进行的连续、有上下文关联的多次交互过程。这种对话模式模拟了人类之间自然、流畅的对话方式，使得AI系统能够更深入地理解用户需求，提供更加准确、个性化的回应。以下是“多轮对话”的定义和特点总结。

定义：多轮对话是指用户与AI系统之间，围绕一个或多个主题，通过多次连续的、有逻辑关联的交互，共同推进对话进程，以达到信息交流、问题解答、任务完成等目的的过程。

多轮对话的特点如下。

- 上下文依赖性：多轮对话的核心特点是上下文依赖性。每轮对话都建立在前一轮或前几轮对话的基础上，AI系统需要理解和利用之前的对话内容来生成合适的回应，这种依赖性使得对话更加连贯和自然。
- 动态性：多轮对话是一个动态变化的过程。随着对话的深入，用户的意图和需求可能会发生变化，AI系统需要根据这些变化实时调整自己的回应策略，以保持对话的流畅性和有效性。
- 复杂性：相比单轮对话，多轮对话涉及更多的信息处理和决策制订。AI系统需要处理和理解复杂的对话结构、语义关系、情感变化等，以生成符合语境和逻辑的回应。
- 个性化：在多轮对话中，AI系统可以通过分析用户的语言习惯、兴趣偏好等信息，为用户提供更加个性化的服务。这种个性化不仅体现在回应内容上，还体现在对话风格、情感表达等方面。
- 任务导向性：多轮对话往往具有明确的任务导向性。用户与AI系统之间的对话通常是为了完成某个特定的任务或目标，如查询信息、预订服务、解决问题等。AI系统需要识别并理解用户的任务意图，引导对话朝着完成任务的方向发展。
- 交互性：多轮对话强调用户与AI系统之间的交互性。用户可以通过输入文字、语音等方式与AI系统进行交流，而AI系统则通过生成自然语言回应来与用户进行互动。这种交互性使得对话过程更加生动和有趣。

综上所述，多轮对话是一种复杂而高效的对话模式，它要求AI系统具备强大的上下文理解能力、动态决策能力、个性化服务能力及任务导向能力等。随着技术的不断发展，多轮对话将在更多领域得到应用，为用户提供更加便捷、智能的交互体验。

2. 上下文管理

上下文管理是AI高级指令中的一个关键功能，它使得AI系统能够在多轮对话中保持对用户意图和上下文信息的理解和记忆，从而提供更加准确和连贯的响

应。以下是对上下文管理的定义及关键技术的详细介绍

定义：上下文管理在AI系统中指的是对用户与AI进行交互过程中的所有相关信息进行追踪、存储和管理的机制。这些信息包括但不限于用户的查询内容、历史对话记录、用户的偏好设置、环境状态等。通过上下文管理，AI系统能够构建一个关于用户当前状态和需求的全面视图，从而做出更加精准和个性化的响应。

上下文管理的关键技术有以下几点。

- 对话状态追踪（Dialog State Tracking，DST）：它是上下文管理的核心技术之一，负责在对话过程中不断更新和维护一个对话状态，该状态包含当前对话的所有关键信息，如用户意图、槽位值（Slot Values）等。DST通过分析和处理用户的输入，不断更新对话状态，以便系统能够准确理解用户的当前需求。
- 意图识别（Intent Recognition）：上下文管理中的另一个重要环节，它使用自然语言处理（NLP）技术来解析用户的输入，并识别出用户想要执行的具体任务或操作。意图识别需要结合当前的对话上下文和用户的历史行为来进行，以确保准确理解用户的真实意图。
- 槽位填充（Slot Filling）：上下文管理中的另一个关键技术。在用户提出一个请求时，系统通常需要用户填写一些必要的槽位信息（如时间、地点、人物等），以便能够准确执行该请求。槽位填充的任务就是根据用户的输入和上下文信息，自动填充这些槽位值。
- 上下文指代消解（Coreference Resolution）：在多轮对话中，用户可能会使用代词（如“它”“那个”等）来指代前面提到的某个实体或概念。上下文指代消解的任务就是识别这些代词所指代的具体对象，并将它们与对话上下文中的相应实体关联起来。这有助于系统更准确地理解用户的意图和请求。
- 对话管理策略（Dialog Management Policy）：对话管理策略是上下文管理中的决策层面。它根据当前的对话状态和用户的输入，决定系统应该如何回应用户。对话管理策略需要综合考虑多种因素，如用户的意图、系统的能力、对话的上下文等，以制订出最合适的回应策略。

上下文管理在AI系统中有着广泛的应用场景，如智能客服、智能家居、语音助手等。在这些场景中，用户需要与AI系统进行多轮对话以完成某项任务。通过上下文管理，AI系统能够保持对用户意图和上下文信息的理解和记忆，从而提供更加准确和连贯的响应。

2.3.2 跨语言与多模态指令

跨语言指令和多模态指令都是AI高级指令的重要组成部分，它们分别解决了语言多样性和信息多模态性的问题，为AI系统提供了更广泛、更深入的应用场景。随着AI技术的不断发展，跨语言和多模态指令成为AI交互的重要趋势，以下是两种指令的详细介绍。

1. 跨语言指令

定义：跨语言指令是指AI系统能够理解和执行来自不同语言环境的指令或请求。它允许用户以不同语言与AI进行交互，而无须担心语言障碍。这要求AI系统具备多语言处理能力，能够理解和生成多种语言的内容。例如，用户可以用中文向AI发出指令，而AI则可以用英文或其他语言进行响应。这种能力使得AI系统能够跨越语言障碍，与全球范围内的用户进行有效交互。

跨语言指令有3个特点：语言多样性、自动翻译和上下文理解。

- 语言多样性：跨语言指令支持多种语言，包括但不限于英语、中文、法语、西班牙语等，使得AI系统能够服务于更广泛的用户群体。
- 自动翻译：在接收到非目标语言的指令时，AI系统能够自动将其翻译成内部处理所需的语言，或者将处理结果翻译成用户理解的语言。
- 上下文理解：跨语言指令处理不仅限于单个词汇或短语的翻译，还需要理解整个指令的上下文和意图，以确保准确执行。

跨语言指令的应用场景非常广泛，涵盖多个领域。以下是根据不同领域进行的介绍，并简单列举了一些指令参考话术。

1）电子商务与在线购物

在跨国电商平台上，用户可以使用自己的母语搜索商品、浏览商品详情、下单购买，并咨询客服解决问题，跨语言指令使得这些操作不再受语言限制。

指令话术如下：

- “请用中文显示这款手机的详细规格。”
- “我想用英文购买这款手表，请问如何支付？”
- “我需要退货，请问英文客服怎么联系？”

2）跨国企业沟通与协作

跨国企业内部的员工来自不同国家和地区，他们需要使用多种语言进行沟通和协作。跨语言指令可以帮助他们打破语言障碍，提高工作效率。

指令话术如下：

- “请将我的会议报告翻译成法语，以便与法国团队分享。”
- “在接下来的视频会议上，请使用英语进行演示。”
- “我需要与日本同事讨论这个项目的细节，请提供日语版的项目资料。”

3）机器翻译与语言学习

机器翻译软件使用跨语言指令来识别源语言文本，并将其翻译成目标语言。此外，语言学习应用也利用跨语言指令来帮助用户学习新语言。

指令话术如下：

- “将这段中文文本翻译成英文。”
- “请播放一段用于学习西班牙语的听力材料。”
- “在法语学习应用中，设置每日提醒功能以练习发音。”

4）客户服务与技术支持

在全球化的背景下，客户服务和技术支持团队需要处理来自不同语言背景的客户的请求。跨语言指令使得他们能够提供更加个性化的服务。

指令话术如下：

- “我用德语描述一下我遇到的问题，请帮我解决。”
- “请提供一份关于产品使用说明的日文版手册。”
- “我需要英文版的软件更新指导，请发送给我。”

5）旅游业与酒店服务

在旅游业和酒店服务中，游客和住客可能来自世界各地，他们需要使用不同的语言进行交流。跨语言指令可以帮助酒店和旅游景点提供更加贴心的服务。

指令话术如下：

- “请帮我预订一间带有中文服务的房间。”
- “我需要一份关于景点介绍的法文版导览图。”
- “请问餐厅是否提供英文菜单？”

6）跨文化交流与社交媒体

在社交媒体平台上，用户可以与来自不同文化背景的人进行交流。跨语言指令使得这种交流更加顺畅和高效。

指令话术如下：

- “请将这个视频翻译成日语，以便与我的日本朋友分享。”
- “我在社交媒体上发布了一条中文帖子，请问如何翻译成英文以吸引更多关注？”
- “我想与一位说德语的网友交流，请问平台是否提供自动翻译功能？”

2. 多模态指令

定义：多模态指的是同时利用多种信息输入模式或模态，如文本、图像、声音、视频等，来表达和传递信息。这种技术可以使人们更加全面、生动地表达和理解信息，提高交互的效率。多模态在人工智能领域中具有重要的作用，如语音识别、自然语言处理、计算机视觉等。将不同模态的信息相互融合，能够提高AI系统的感知能力和理解能力，进而提高其性能和扩大其应用范围。

例如，用户可以通过语音命令结合手势控制智能家居设备，或者通过上传图片要求AI进行图像识别和分析。

多模态指令主要有以下特点。

- 多模态融合：多模态指令处理需要将来自不同模态的信息进行融合，以形成一个更完整、更准确的用户意图表示。
- 跨模态理解：AI系统需要能够理解和解释不同模态之间的关联和互补性，以实现更高效的信息处理。
- 自然交互：多模态指令支持更自然的交互方式，如语音指令、手势操作等，使得用户与AI系统的交互更加便捷和直观。

多模态指令的应用场景如下。

- 智能家居：用户可以通过语音、手势或图像等多种方式与智能家居设备进行交互。例如，用户可以说出“打开客厅的灯”，或者通过手势来控制电视的开关。智能家居设备会接收并解析这些多模态指令，然后执行相应的操作。
- 自动驾驶：自动驾驶系统需要同时处理来自摄像头、雷达、激光雷达等多种传感器的数据。这些数据构成了多模态输入，自动驾驶系统会根据这些输入来感知周围环境、预测其他车辆和行人的行为，并做出相应的驾驶决策。
- 医疗诊断：医生可以通过分析医学影像（如X光片、CT扫描）与病理学数据等多模态信息来更准确地诊断疾病。多模态指令可以帮助医生快速定位和分析相关信息，提高诊断的准确性和效率。

随着技术的不断进步和应用场景的不断拓展，多模态指令将在更多领域发挥重要作用。未来，我们可以期待更加智能、更加自然的多模态交互方式的出现，以及更加高效、更加准确的多模态信息处理技术的发展。

第 3 章　Kimi：长文本阅读与写作专家

AI工具Kimi具备超长文本处理方面的卓越能力和技术优势，因此被称为“长文本阅读与写作专家”。Kimi能够保持对大量文本信息的记忆，提供连贯的、与上下文相关的回答，极大地提高了处理长篇文本时的效率和准确性，对那些处理长文本、在大数据方面遇到挑战的专业人士、研究人员及任何需要高效能处理解决方案的用户十分友好。

本章将详细介绍Kimi的核心功能和使用指南，结合具体案例重点分析Kimi在长文本阅读、文本创作和特定行业中的应用，以及Kimi的进阶使用技巧等方面的内容。

3.1 Kimi 基础介绍

Kimi作为一款集个性化定制、高效协同与智能分析于一体的全能型应用，正逐步成为用户提升生活品质、优化工作流程的秘密武器。本节将带领大家深入认识Kimi，探索其核心功能，并提供详尽的使用指南，帮助用户轻松驾驭这一智能助手。

3.1.1 初识Kimi

Kimi是一款由北京月之暗面科技有限公司（Moonshot AI）推出的智能助手产品，于2023年10月9日正式推出，是全球首个支持输入20万汉字的智能助手产品。图3-1所示为网页版的Kimi界面。

图 3-1

Kimi在AI领域具有显著的技术突破和广泛的应用场景，主要包括专业学术论文的翻译和理解、辅助分析法律问题、快速理解API开发文档等应用场景。

Kimi诞生于对高效生活的追求与科技创新的交融之中。Kimi集日程管理、任务分配、笔记记录、智能提醒和数据分析等多种功能于一体，旨在帮助用户实现时间的高效利用与信息的有序管理。无论是忙碌的职场人士，还是追求精致生活的用户，Kimi都能成为其不可或缺的得力助手。

3.1.2 Kimi的核心功能

Kimi致力于打造一个全面、智能且用户友好的助手形象，以满足用户在日常生活、工作学习、健康管理、娱乐休闲等多方面的需求。以下是Kimi具备的一些核心功能。

1. 长文本处理

Kimi能够支持长达200万字的超长无损上下文，相比其他AI大模型，Kimi在文本长度上的支持更为出色，解决了传统AI在处理长文本时容易出现的遗忘、理解不连贯等问题。除此之外，Kimi还支持长文本写作、翻译和代码编写等任务，无论是长篇报告还是复杂的编程代码，Kimi都能游刃有余。这一特性极大地提升了在处理复杂、长篇文本时的效率和准确性。

2. 智能对话与问答

Kimi具备从长文本中提取关键信息的能力，无论是总结性的信息还是针对特定问题的详细数据。通过深度学习模型，Kimi可以分析长文本的结构，理解其主题、观点和论据，为用户提供深入的内容分析。另外，Kimi还擅长中文和英文对话，能够理解和回应各种语言需求。无论是日常交流还是专业讨论，Kimi都能提供流畅的沟通体验。

3. 文件处理与信息检索

Kimi能够阅读和解析多种格式的文件，包括TXT、PDF、Word、PPT和Excel等。用户可以上传文件，Kimi将快速解析并提供相关回复。另外，Kimi还具备关键词搜索、多文件比较、表格数据整理、趋势分析等功能，能帮助用户快速定位和整合信息。

4. 智能搜索与引用溯源

Kimi的智能搜索功能可以搜索实时信息，迅速整合，给出详尽回答，并提供搜集到的信息来源，确保对话的丰富性和准确性。与此同时，Kimi还支持搜索引用溯源，提供更严谨的回答。

5. 辅助创作与编程

Kimi可以根据用户提供的网页链接、文件或指令，帮助梳理大纲、续写文章、创作文案、写作周报、撰写文案等，为用户提供无限的写作灵感。另外，Kimi还具备编程助手功能，能够快速阅读API文档、定位所需信息，并根据用户的需求生成代码、进行Debug，覆盖Python、C++、Java等多种编程语言。

6. 个性化服务与自定义命令

Kimi支持语音输入和输出功能，用户可以通过语音与Kimi进行交互。Kimi还允许用户根据特定需求自定义Kimi模型、设置快捷命令，以提高效率。

7. 团队协作与数据保护

Kimi可以帮助协调团队工作，关注数据保护和隐私设置，采用加密技术保护用户数据在传输和存储过程中的安全，提供灵活的隐私设置选项，让用户能够自主控制个人信息的分享范围，确保用户的工作符合隐私保护要求。

3.1.3 Kimi使用指南

了解了Kimi的强大功能后，如何高效地使用它成为关键。以下是一份简明扼要的使用指南，可以让用户快速上手。

1. Kimi的注册与登录

要想灵活地运用Kimi，首先需要完成注册及登录。接下来将详细介绍这两个关键步骤，帮助读者轻松掌握Kimi的注册及登录操作，从而充分领略这个平台的魅力。

（1）使用计算机自带的浏览器，在搜索框输入"Kimi智能助手官网"，便会看到"Kimi智能助手"或类似的标识，如图3-2所示，单击后直接跳转到Kimi智能助手的官方网站。

（2）在Kimi智能助手的官网主页上的某个位置（如左侧），会看到"登录"按钮，单击"立即登录"按钮并进入登录页面。用户可以在"手机登录"和"微信扫码登录"两种登录方式中任选一种进行登录，如图3-3所示。如果选择的是"微信扫码登录"方式，那么还需要绑定手机号进行验证。

图 3-2

图 3-3

（3）手机验证通过后，即表示登录成功，将成功登录Kimi智能助手，并进入其简约大方的操作主页面，如图3-4所示。

图 3-4

2. Kimi的基础界面及功能

Kimi的主界面非常简洁，一共分为两个部分：页面中间是输入框，底部有一些参考话术模版；页面左侧则是功能区，从上至下依次是“回到首页”“开启新会话”“历史会话”“Kimi+”“登录窗口”“扫码下载Kimi智能助手”及“下载Kimi浏览器助手”功能按钮。单击“Kimi+”按钮，可以看到Kimi包含的各个领域和功能使用技巧，如图3-5所示。

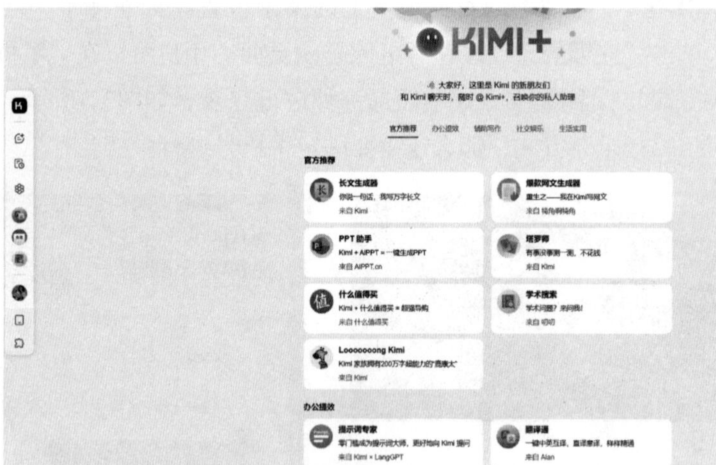

图 3-5

接下来介绍功能区的各个功能。

- 输入框：输入框是Kimi智能助手与用户进行交互的重要通道，它能够直接与用户沟通交流，有效地响应用户的操作并提供有用的信息和选项。
- 开启新会话：单击该按钮，会跳转到一个新会话页面，在该页面中可以重新输入新的问题，Kimi将会重新进行回答。

➢ 历史会话：这一功能可以及时保存和展示与用户之前的对话记录，能帮助用户回顾之前的交流内容，便于用户在需要的时候快速获取之前的对话信息，节省时间成本，提高工作效率，如图3-6所示。

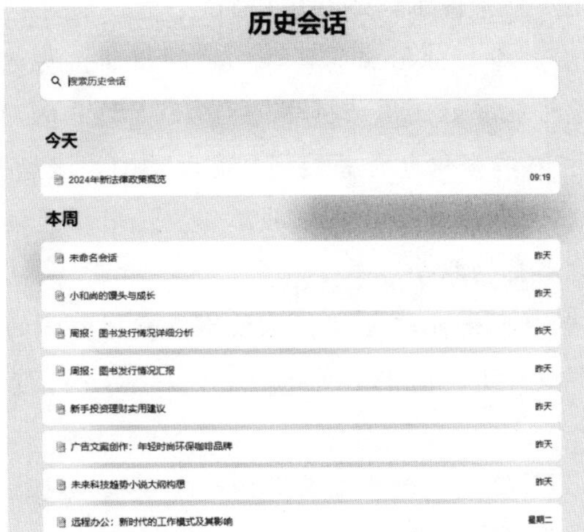

图 3-6

➢ Kimi+：该功能区主要包括官方推荐、办公提效、辅助写作、社交娱乐和生活实用5个板块，用户可以根据自己的实际需要使用相应的功能。例如，如果想要修改简历，可以选择“办公提效”板块中的“offer收割机”功能，针对岗位的需求进行针对性的提问，如图3-7所示。

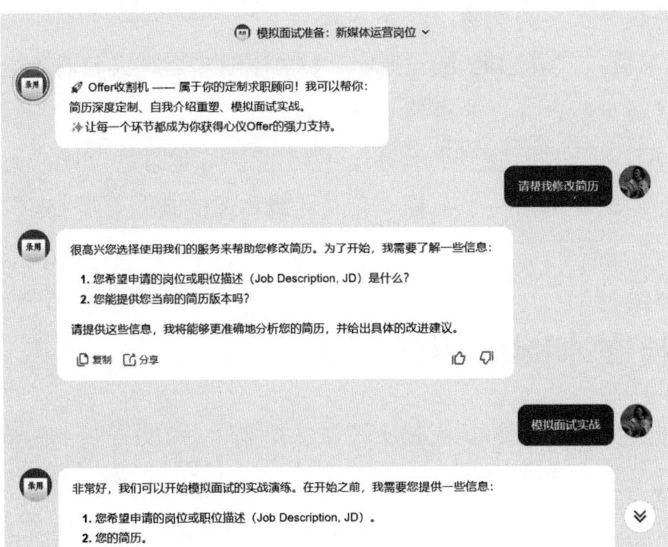

图 3-7

3. Kimi的基本操作和使用技巧

用户可以在输入框中输入想说的话或者提出自己的各种需求。一般情况下，用户提出的需求越明确，Kimi的回答就会越精准。

编者在这里总结了几个提示词的通用技巧。

- 提供具体指令：尽可能给出具体和明确的指令，避免使用模糊或含糊的表达。例如，尽可能多地使用“撰写”“总结”这样的动词。
- 使用关键词：在指令中包含关键词，有助于AI快速识别你的需求。
- 使用专业术语：如果你在特定领域工作，使用该领域的专业术语可以帮助AI更准确地理解你的指令。
- 逐步细化：如果问题比较复杂，AI没有正确理解你的指令，那么，可以尝试将问题分解成更小、简单的问题，逐一进行提问，直至获取自己想要的答案。
- 提供示例：如果可能，给出相应的例子或模板，这样AI可以通过学习这些示例来更好地理解你的意图。
- 利用上下文：在提问时提供足够多的背景信息，这有助于AI在更广泛的上下文中理解你的指令。
- 反馈与修正：如果AI的回答不符合预期，可及时提供反馈，并根据需要调整你的提问方式。
- 文件和网址：如果需要AI分析文件或网页内容，要确保发送的是可读的格式，并提供必要的说明。
- 了解限制：了解AI的功能限制，如不能创建文件或执行某些操作，这样可以避免提出超出能力范围的要求。

通过上述技巧，可以逐步训练AI，使它能更好地理解和响应你的指令和需求。需要记住的是，AI是一个工具，它的性能和理解能力会随着使用和反馈而不断改进。

3.2 在长文本阅读中的应用

Kimi智能助手因支持超长无损上下文（最高可达200万字）的能力而备受关注，这一特性在长文本阅读领域展现出了显著的优势，为用户提供了高效、准确和深入的理解能力。以下是Kimi智能助手在长文本阅读中的应用及其具体案例，主要包括精准理解文献与长篇报告、复杂合同与网页长文的解读、复杂学术概念解释、研究结果分析与论文撰写4个方面的应用。

3.2.1 精准理解文献与长篇报告

Kimi智能助手能够精准地理解文献及长篇报告中的内容，并将其文章的中心内容提取出来。用户可以将一篇长达数千字甚至上万字的学术文献或者长篇报告交给Kimi进行阅读和翻译。Kimi不仅能够准确翻译全文，还能理解论文的核心内容，并给出摘要或总结。

例如，用户将一篇6000字的英文论文上传给Kimi，Kimi可以完整地翻译成中文，并附上详细的翻译结果和原文对照，帮助用户快速理解论文内容；又如，用户将一份PDF版的学术论文上传给Kimi，让它以表格的形式呈现出文章的中心内容及框架结构。

以下是可供参考的操作步骤和案例。

（1）单击输入框右下方的"上传文件"按钮，如图3-8所示。

图 3-8

（2）系统会自动打开浏览文件的对话框，如图3-9所示。

图 3-9

（3）单击所需要上传的文件，或者将文件所在的网页地址直接复制并粘贴到输入框中并下达指令，Kimi会快速分析出文献的关键内容，如下所示。

用户提问：

请你帮我提取出下面这个网址里的重点大纲，告诉我主要讲了什么内容，框架结构是怎么分布的，以表格的形式呈现。https://ih.sass.org.cn/_upload/article/files/88/63/ab7a054e4317b8161b0c6e9ae589/1b4726cd-b353-40fe-9240-d66c2b1baa12.pdf

Kimi回答：

根据提供的网址内容，这篇文章的大纲和框架结构可以概括为以下几个部分。

章节编号	标题/主题	内容概述
1	引言	景德镇的历史地位和对中国瓷业的贡献，以及面临的挑战。
2	古代陶瓷业的发展背景	陶瓷业的起源、技术突破和里程碑，以及古代中国陶瓷业的特点。
3	中国陶瓷业的地理分布和经济文化环境	陶瓷业在中国不同地区的分布，以及与经济、文化环境的关系。
4	陶瓷商品的类别、产销方式及其社会文化影响	陶瓷商品的分类、产销方式的演变，以及陶瓷对社会文化的影响。
5	中国与地中海地区陶瓷业的比较	中国与地中海地区陶瓷业的发展环境、产销文化的差异。
6	瓷业职业化道路：景德镇与欧洲陶瓷业的发展	景德镇瓷业的崛起，欧洲陶瓷业的发展，以及两者的比较。
7	明清时期景德镇瓷业的经营与技术	明清时期景德镇瓷业的经营模式、技术发展，以及与世界瓷业的关系。
8	科学革命时代瓷业的竞赛	欧洲瓷业的科学革命，以及对景德镇瓷业的影响。
9	结论	对景德镇瓷业历史地位的总结，以及其在现代化进程中的落伍和挑战。

这篇文章主要讨论了景德镇作为中国瓷业的代表，在不同历史阶段的发展和变迁。文章从古代陶瓷业的起源讲起，分析了中国陶瓷业的地理分布、经济文化背景，以及与地中海地区陶瓷业的比较。接着，文章着重探讨了明清时期景德镇瓷业的兴衰，以及在科学革命时代瓷业的国际竞争中，景德镇瓷业所面临的挑战和落伍的原因。最后，文章总结了景德镇瓷业的历史地位，并对其现代化进程中的问题进行了反思。

（4）用户如果想对该文献有更深入的了解，还可以接着向Kimi提问，如下所示。

用户提问：

文章中提到的科学革命对景德镇瓷业产生了哪些具体影响？

Kimi回答：

文章中提到科学革命对景德镇瓷业产生的影响主要体现在以下几个方面。

技术革新与工业革命：欧洲在科学革命的推动下，实现了技术革新和工业革命，这导致了陶瓷工业从手工生产向机器生产的转变，提高了生产效率和降低了成本。而景德镇瓷业由于缺乏与外来文化的交流和技术创新，未能跟上这一变革的步伐。

能源使用的变化：科学革命带来了新的能源使用方式，如煤炭替代了传统的木柴作为燃料，使得陶瓷烧制的窑温得以提高，从而提高了陶瓷制品的强度并降低了生产成本。景德镇瓷业在这方面相对落后，仍然依赖传统的生产方式。

市场竞争与消费需求：随着欧洲陶瓷业的发展，市场竞争加剧，消费者对陶瓷产品的需求也发生了变化。景德镇瓷业由于未能及时适应市场变化和消费者需求，逐渐失去了竞争优势。

信息闭塞与经营自闭：科学革命促进了全球信息的交流与传播，而景德镇瓷业由于信息闭塞和经营自闭，未能及时吸收外来的先进技术和管理经验，导致其在国际市场上的竞争力下降。

文化差异与接受度：科学革命期间，欧洲的文化和艺术风格对陶瓷设计产生了深远影响。景德镇瓷业在面对外来文化和艺术风格时，由于文化差异和接受度的问题，未能有效融合和创新。

生产组织形式的落后：欧洲瓷业在科学革命期间形成了以技术人员为核心的近代工厂组织，注重职业培训和技术创新。相比之下，景德镇瓷业的生产组织形式相对落后，未能形成有效的技术创新和人才培养机制。

综上所述，科学革命对景德镇瓷业产生了深刻的影响，主要表现为技术革新滞后、市场竞争能力下降、信息闭塞和文化差异等方面，这些因素共同导致了景德镇瓷业在近代的落伍。

3.2.2 复杂合同与网页长文的解读

Kimi支持上传PDF、Word、PPT、Excel、TXT文件和图片，尤其是在处理长篇报告或复杂合同时，Kimi能够迅速提取关键信息，生成摘要，并解答用户的问题。

例如，用户可以将一份长达百页的市场调研报告上传给Kimi，Kimi能够在短时间内生成报告摘要，并标注出重要的市场趋势、竞争对手分析和建议等内容，帮助用户快速掌握报告核心。

以下是可供参考的具体案例。

用户提问：

整理这个文件的核心内容，提取关键信息并生成报告摘要。
文件：《农技传播在短视频、直播平台的生态及价值创造》，如图3-10所示。

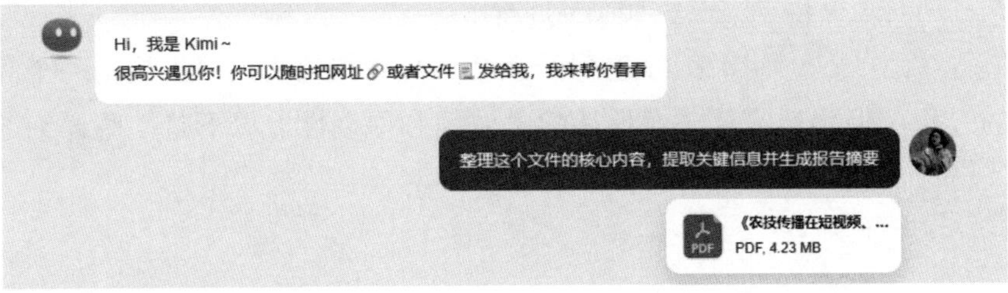

图 3-10

Kimi回答：

报告摘要：《农技传播在短视频、直播平台的生态及价值创造》

核心内容概述：

农技传播的重要性与挑战：

农技传播对提升农业生产效率和质量至关重要。

传统农技推广体系存在经费不足、资源配置不当等问题。

短视频、直播平台的介入：

短视频和直播平台以其社交属性和兴趣匹配功能，提升了农技创作者与需求者的配置效率。

这些平台提供了一个新型的农技推广渠道，有助于实现农业技术的广泛推广。

农技推广生态体系的建构：

短视频、直播平台推动了农技推广模式和参与主体的多元化。

促进了公益性与经营性农技推广的融合，提高了农技推广的效率和普惠性。

价值创造机制：

农技创作者通过短视频、直播平台实现了社会价值和经济价值的双重收益。

平台的智能推荐机制提高了农技供需配置的效率，促进了农技内容的创新和实践发展。

……

结论：

短视频、直播平台在农技传播领域发挥了创新和补充作用，为农业技术普及和农民教育提供了新的解决方案，并对提升农业生产效率和农产品质量产生了积极影响。

（因为生成的内容较多，这里节选部分内容。后面类似情况不再赘述。）

3.2.3 研究结果分析与论文撰写

研究结果分析与论文撰写离不开对某个领域的深度挖掘，资料搜索与信息整合又是一项极度耗时耗力的大工程，选择AI工具能有效提高做事的效率，达到事半功倍的效果。

对于某个领域的最新进展或研究方向，用户可以通过Kimi快速获取相关信息并进行整合。例如，用户如果想要了解全球学者在医学领域的研究方向和进展，可以请Kimi搜索并总结相关论文和研究成果，帮助用户快速全面了解该领域的研究动态，用时短又信息完整，如图3-11所示。

值得注意的是，使用Kimi进行研究结果分析与论文撰写虽然是一个高效且便捷的过程，但仍然需要注意保持学术诚信和原创性。以下是一些详细的步骤及建议。

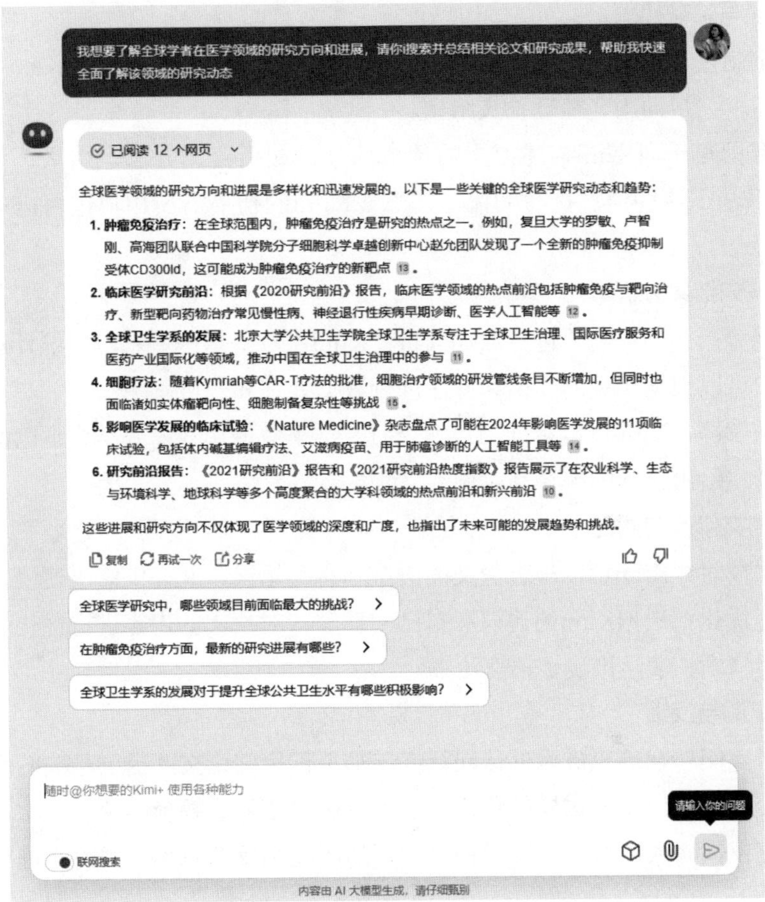

图 3-11

1. 确定论文主题与背景研究

选题：首先确定想要研究的主题，并进行背景研究。Kimi可以帮助用户找到相关的文献、解释概念和提供一般性的背景信息。用户需要尽可能详细地向Kimi描述研究需求，避免选题过大或过于空洞。建议使用5W1H法（Who、When、Where、What、Why、How）来细化需求。

2. 文献综述与资料整理

文献搜索：利用Kimi的搜索能力，通过提问或指定关键词，搜索最新的研究论文、学术文章、统计数据等。确保搜索需求明确，如特定的研究领域、时间范围或数据类型。

整理资料：Kimi可以帮助用户整理收集到的文献和数据，确保信息的准确性和相关性。

3. 撰写论文初稿

大纲制订：先列出论文的大纲，包括一级标题、二级标题等。Kimi可以根据用户的需求，帮助用户梳理论文结构。

内容撰写：向Kimi描述论文的各个部分，如引言、方法、结果、讨论等，Kimi可以基于这些信息撰写初稿。注意，Kimi的初稿需要用户进行进一步的修改和完善。

4. 研究结果分析

数据分析：如果需要进行数据分析，Kimi可以提供一些基本的统计建议或方法，用户可以根据相关的建议和方法进行数据处理和分析。

结果解释：Kimi可以帮助用户解释研究结果，但用户需要结合自己的理解和研究背景，给出合理的解释和讨论。

5. 论文修改与润色

语法校对：Kimi可以检查论文的语法和拼写错误，并提供修改建议。

内容优化：根据Kimi的建议和自己的理解，对论文的内容进行优化。确保论文的逻辑清晰、表达准确、语言流畅。

6. 审阅与反馈

同行审阅：初稿完成后，让同行或导师帮忙审阅论文并提供相关的反馈意见和建议。Kimi可以扮演这样的角色，以提供更多信息或解释。

根据反馈修改：根据审阅过程中发现的问题和反馈意见，对论文进行修改和完善。

7. 提交论文

最终检查：在提交论文前，要对文本进行最后的检查，确保论文的格式、引用、参考文献等都符合论文相关的要求。按照学校或期刊的要求提交论文。

综上所述，Kimi智能助手凭借其超长无损上下文的能力，在长文本阅读领域展现出了强大的优势。无论是学术论文、长篇报告还是复杂合同等，Kimi都能提供高效、准确和深入的理解能力，帮助用户快速掌握核心内容并提高工作效率。

3.3 在文本创作中的应用

在数字化时代，高效而富有创意的文本创作成为推动各行各业发展的关键力量。Kimi具备强大的自然语言处理能力和深度学习能力，在文本创作的多个环节中发挥着不可替代的作用。

3.3.1 梳理大纲与续写文章

在面对长篇大论的写作任务时，一个清晰的大纲是成功的基石。Kimi凭借智能的分析能力，能够快速理解作者的意图，自动生成逻辑严密、条理清晰的大纲框架。

案例一：假设用户正在撰写一本关于未来科技趋势的小说，Kimi能根据用户输入的关键词和初步想法，迅速生成包含故事的开头、过程、高潮和结局等部分的大纲。更妙的是，当用户完成一部分内容后，Kimi还能根据上下文智能续写文章，确保内容连贯、观点新颖。

用户提问：

我正在撰写一本关于未来科技趋势的小说，关键词包括：高科技、科幻小说、宇宙。请你根据这些关键词，结合当前网络科幻小说的发展为我构想一个大纲，具体包括开头，高潮和结局，要求开头交代故事的背景，内容有趣又吸引人。

Kimi会根据用户所给出的关键词生成一个故事线完整的大纲，并根据小说的情节形成小说的名称。以下是Kimi的回答。

Kimi回答：

基于您提供的关键词，我可以为您构想一个科幻小说的大纲。以下是一个可能的故事框架：

小说名称：《星际启示录：未来纪元》

开头：背景设定

时代背景：设定在未来的2150年，人类已经掌握了高级的科技，包括人工智能、量子计算和星际旅行。

社会状况：地球资源枯竭，人类社会高度依赖外太空资源，形成了以地球为中心的星际联盟。

科技介绍：介绍一些关键的高科技元素，如超光速引擎、全息通信技术、生物工程等。

主要角色：主角是一位年轻的星际探险家，拥有超越常人的智力和勇气，他/她对未知宇宙充满好奇。

故事开端

事件触发：主角接到一项任务，探索一个神秘的宇宙信号源，这个信号源被认为可能隐藏着外星文明的存在。

团队组建：主角组建了一个多元化的团队，包括人工智能专家、生物学家、物理学家等。

出发准备：描述团队准备星际旅行的过程，包括飞船的介绍、装备的准备等。

……

附录：科技与文化

科技详解：对小说中出现的高科技进行详细解释，包括它们的原理和应用。

文化融合：探讨人类文化与外星文化融合的可能性和影响。

这个大纲提供了一个基本的框架，您可以根据自己的想法进一步发展故事情节和角色深度。希望这个大纲能够激发您的创作灵感！

3.3.2 创作广告文案

在竞争激烈的商业环境中，一句吸引人的广告文案往往能决定产品的成败。Kimi凭借强大的创意生成能力，能够根据不同品牌调性、目标受众及营销目的，快速创作出既符合品牌形象又触动消费者心弦的广告文案。

用户提问：

请你为一个新兴咖啡品牌写几则广告文案供我参考，其品牌定位是“年轻、时尚、环保”，营销主题是“唤醒城市活力”，要求文案吸睛，能达到引流吸粉的目的。

Kimi回答：

当然可以，以下是几个针对新兴咖啡品牌的广告文案示例，希望能够满足您的要求：

活力觉醒，从一杯咖啡开始

“清晨的第一缕阳光，不如你手中的那杯咖啡。唤醒城市活力，让年轻的灵魂在咖啡的香气中跳动。选择我们的咖啡，选择一种生活态度。”

时尚生活，一杯咖啡的距离

……

年轻不设限，咖啡也疯狂

“年轻就是要打破常规，我们的咖啡也一样。不拘一格的风味，大胆创新的配方，让你在忙碌的都市生活中，也能感受到一份疯狂和自由。唤醒城市活力，从一杯不设限的咖啡开始。”

希望这些建议能够为您的品牌带来灵感，吸引更多的年轻消费者。

上述这样的文案不仅传达了产品的核心价值，还巧妙地融入了品牌理念，能够有效提高广告的吸引力和转化率。

如果还想将咖啡理念与故事相结合，并利用社交媒体进行传播，还可以继续下达指令。

用户提问：

以“年轻、时尚、环保”为咖啡品牌主题撰写一个有人情味的温暖故事，并为这个故事制订一个在小红书、抖音、快手等平台宣传的营销策略。

Kimi回答：

故事：《一杯咖啡的温度》

故事发生在一个寒冷的冬日早晨，城市的节奏似乎因为寒冷而变得缓慢。店长林浩像往常一样，早早地来到店里，开始准备一天的工作。他精心挑选的咖啡豆，经过他的手，变成了一杯杯香气四溢的咖啡。

这天，店里迎来了一位特别的客人——李奶奶。……李奶奶的孙子在国外留学，因为疫情已经很久没有回家了。林浩为李奶奶准备一杯特别的咖啡，他在咖啡上用可食用的墨水画了一颗心，旁边写着“温暖回家”。

这个故事很快在社交媒体上引起了共鸣，许多人被这份简单而真挚的人情味所打动。

营销策略

社交媒体宣传：在小红书、抖音、快手等平台上，发布《一杯咖啡的温度》的故事视频或图文，强调人情味和品牌理念。

KOL合作：与环保、时尚领域的KOL合作，让他们体验咖啡店的服务，并分享他们的故事和感受。

……

故事续集：定期发布故事的续集或相关人物的新故事，保持用户对品牌故事的持续关注。

社区参与：在咖啡店内举办社区活动，如环保讲座、手工艺制作等，增加用户对品牌的认同感。

用户生成内容：鼓励用户创作与品牌相关的原创内容，如绘画、诗歌、短文等，优秀作品可获得奖励并在官方账号展示。

通过这些策略，可以有效地提升品牌的知名度和用户黏性，同时传达品牌的核心价值观。

3.3.3　模仿特定写作风格

在某些特定场合，如文学创作、品牌故事撰写等，模仿特定的写作风格显得尤为重要。Kimi能通过深度学习大量文本，能够精准捕捉并模仿不同作家、品牌或时代的写作风格，为文本创作增添无限可能。

假设你正在为一个儿童故事寻找合适的叙述风格，希望模仿某个幽默风趣的故事的文风，可以利用Kimi的分析长文本的独特优势为你提供写作灵感。

用户提问：

“这天早上，小和尚发现师父得到了6个馒头，大师兄也得到了6个馒头，只有他自己得到了4个馒头。小和尚觉得太不公平了。师父得6个馒头，他没意见，可大师兄也得6个馒头，不是跟师父平起平坐了吗？不行，不行！

于是小和尚找到师父，也要6个馒头。师父说：“你能吃下6个馒头吗？”小和尚大声说：“能！我要6个馒头！”

……

这时，师父对小和尚说：“平时你吃4个馒头，明天你却吃了6个馒头，你多得到了两个，可是你却并没有享受到这两个馒头的利益，相反，它们给你带来了痛苦。得到不一定就是享受。不要把眼光盯着别人，不要与人比，不贪，不求，自然知足，自然常乐。”

小和尚点摇头，捂着肚子，说：“师父，以后，我依然吃4个馒头！”

请你根据上面这个故事的写作方式仿写一个新的故事，要求故事中的人物、数字、场景各不相同。

Kimi回答：

在一个遥远的村庄里，有一个小木匠和他的师父。一天早晨，小木匠看到师父得到了一块精美的木材，而他的师兄也得到了一块同样精美的木材，但小木匠只得到了一块普通的木材。小木匠觉得这太不公平了。师父得到精美木材，他没有意见，但师兄也得了一块，岂不是和师父一样了吗？不行，不行！

……

师父对小木匠说："平时你用普通木材，今天你却用了精美木材，你多得到了一块，但你并没有享受到这块木材带来的乐趣，相反，它给你带来了疲惫。得到不一定就是享受。不要总是羡慕别人，不要与人比，不贪，不求，自然知足，自然常乐。"

小木匠点了点头，揉着手臂，说："师父，以后，我还是用普通木材吧！"

这个故事告诉我们，有时候我们追求的不一定是最适合我们的，知足常乐，适合自己的才是最好的。

除此之外，还可以根据使用对象不同而设置不同的场景，使作品更有针对性。

用户提问：

"春天来了，花儿开了，草儿绿了，大树发芽了。树林在欢笑，鸟儿在放声歌唱。小鸭子（duckling）排着队跟着鸭妈妈下水学游泳。小朋友在花丛中跳着，唱着：'桃花开，梨花开，桃花梨花朵儿朵开；蝴蝶（butterfly）飞，风儿吹，蝴蝶伴风翩翩飞。'春天来了，春天真的来了，春天在哪里？春天就在小朋友的眼睛里。"请你将以上故事，用幼儿教师的视角和语气进行表达，帮助幼儿园的小朋友们了解春天。

Kimi回答：

亲爱的小朋友们，你们知道吗？春天悄悄地来到了我们的身边。让我们一起来看看春天都有哪些美丽的变化吧！

首先，花儿们好像听到了春天的呼唤，纷纷张开了它们那五颜六色的笑脸。红的、黄的、粉的，好不热闹！草儿也不甘示弱，穿上了它们那绿油油的新装，软软的，踩上去就像踩在了绿色的地毯上。

大树们也醒了，它们伸出了嫩嫩的小手，一片片新芽就像是春天的信使，告诉我们春天真的来了。树林里的小伙伴们也很开心，它们在欢笑，在玩耍，好像在说："欢迎春天！"

听，是谁在唱歌？原来是小鸟们，它们在枝头放声歌唱，好像在开一场春天的音乐会。歌声清脆悦耳，让人听了心情都变得愉快起来。

……

春天在哪里呢？其实，春天就在我们每个人的眼睛里。只要我们用心去感受，去发现，春天的美好就无处不在。

所以，亲爱的小朋友们，让我们一起去探索春天，去感受春天的温暖和生机吧！记得穿上你们的小外套，我们一起去户外寻找春天的足迹，和春天做好朋友哦！

通过分析各种风格特点的不同作品，结合实际语境和场景，你能够快速领会到其独特的语言习惯、叙事技巧及情感表达方式，并在你的故事创作中加以应用。这样，即使你不是该领域的专家，也能让你的作品散发出与原作相似的韵味，增强读者的沉浸感和代入感。

3.4 在特定行业的应用

除了在文本创作上的巨大作用，在一些特定行业，如电商、内容创作及教育等领域，Kimi也能够提供定制化解决方案，帮助专业人士提升工作效率，优化工作流程。

3.4.1 电商竞品分析与运营策划

电商领域竞争激烈，企业需要不断进行市场分析和运营策划，以保证自己的竞争优势。Kimi通过分析电商平台的销售数据、用户评价和竞品表现，为电商企业提供精准的竞品分析报告。此外，Kimi还能够根据市场趋势和消费者行为，提出运营策划建议。

例如，一家电商企业在推广新产品时，Kimi分析了同类产品的销售情况和用户反馈，帮助企业制订了针对性的营销策略，最终实现了产品销量的显著提升。

用户提问：

公司的口红产品向来以平价、性价比著称，对标客户是年轻、优雅的高消费女性。你现在要推广一款公司的新口红，需要想创新的营销方案，请你提供3个方案或灵感，并结合市场上同类型的口红品牌做一个竞品分析结果并制作一个运营策划，在抖音、快手等短视频直播平台上销售。

Kimi回答：

针对您的需求，以下是三个创新的营销方案，以及结合市场上同类型口红品牌的竞品分析和运营策划的概述：

营销方案

互动体验营销：

利用AR技术，在短视频直播平台上创建虚拟试妆间，让消费者在不实际购买的情况下，体验不同口红颜色和效果。这种互动体验可以增加用户参与度，提高购买转化率。

KOL/网红联动营销：

与知名美妆博主或网红合作，通过他们的短视频和直播进行口红试色和推荐。利用他们的影响力和粉丝基础，快速提升品牌知名度和产品销量。

……

竞品分析

竞品分析显示，市场上的口红品牌众多，竞争激烈。例如，完美日记和花西子作为国货彩妆品牌，它们的发展道路各有特色。完美日记以低价、多色号、全面品类的策略迅速占领市场，而花西子则以东方美学特色和较高的产品单价定位中端市场。

运营策划

在抖音、快手等短视频直播平台上，可以采取以下运营策略：

内容创作：制作高质量的短视频内容，展示口红的多种使用场景和效果，增加用户对产品的兴趣。

直播互动：定期举办直播活动，进行口红试色、用户互动问答，提供限时优惠和抽奖活动，增加用户黏性。

流量合作：与平台内的流量主或KOL合作，利用他们的粉丝基础推广产品。

数据分析：持续跟踪和分析用户反馈和销售数据，优化产品和营销策略。

通过上述方案和策略，可以在短视频直播平台上有效地推广新口红产品，并在竞争激烈的市场中获得优势。

如果想具体了解产品之间的不同维度的分析结果，还可以进一步提问，如下所示。

用户提问：

请你再细化一下竞品分析的结果，分条论述。

Kimi回答：

根据搜索结果，以下是对完美日记和花西子两个品牌的竞品分析结果：

市场定位与用户画像：

完美日记定位于年轻市场，以20～35岁的年轻女性为主要消费群体，注重时尚和个性化需求，产品均价较低，主打性价比 。

花西子则定位于中端市场，以东方美学为特色，吸引对传统文化感兴趣的消费者，产品均价较高，强调品质与文化内涵 。

产品策略：

完美日记提供多样化的产品选择，尤其在唇妆领域颜色丰富，满足不同消费者的需求，采用“快反供应链”迅速迭代产品 。

花西子则以散粉为拳头产品，拓展SKU同时保持品牌文化一致性，注重产品成分与传统文化的结合 。

营销策略：

完美日记擅长利用社交媒体和KOL进行产品推广，通过明星和KOL矩阵大规模投放，以及私域流量的精细化运营，提高用户留存与复购。

花西子则通过与头部主播的深度合作，强化品牌与产品的曝光度，同时在内容运营上强调东方审美，与文化圈互相背书。

……

未来挑战与机遇：

完美日记需要在保持快速迭代和高性价比的同时，提升品牌价值和产品差异化，避免同质化竞争。

花西子则需要继续巩固其在国潮文化领域的地位，同时拓展线下渠道和提升品牌国际化程度。

通过上述分析，可以看出完美日记和花西子各有所长，在彩妆市场上形成了各自独特的竞争优势。两个品牌都需要不断创新和调整策略，以应对市场的快速变化和消费者需求的演进。

3.4.2 短视频脚本与文案创作

短视频内容的创作需要创意和效率的结合。Kimi在这一领域的应用，能够帮助内容创作者快速生成吸引人的脚本和文案，提高内容的吸引力和传播力。Kimi具备强大的语言处理能力，能够根据给定的主题或关键词，快速创作出符合用户需求的短视频脚本和文案。

例如，一位短视频创作者需要制作一期关于“健康饮食”的内容，Kimi不仅提供了创意点子，还生成了脚本和吸引眼球的标题，使得视频在发布后能够迅速获得高点击率和用户的好评。

用户提问：

你是一个短视频创作者，现在需要制作一期关于“健康饮食”的内容，请你给我提供3~5个创意点，要求凸显出账号干货满满、幽默风趣的特点。另外，你需要起一个吸引眼球的标题，标题要包括“健康”“绿色”“养身”等关键词；最重要的是，你要给我提供一个拍摄视频的脚本，主要包括拍摄场景、道具准备、镜头类别等，要求以表格的形式呈现出来。

Kimi回答：

创意点：

“绿色厨房挑战”：展示如何用五种绿色蔬菜制作出五道不同的健康美食，每道菜都以幽默的方式介绍其健康益处。

“健康饮食误区大揭秘”：以幽默的小品形式揭示一些常见的健康饮食误区，比如“所有绿色食物都是健康的”等，然后给出正确的健康饮食建议。

“24小时健康饮食日记”：记录并展示一个健康饮食者一天的饮食安排，包括早餐、午餐、晚餐和小吃，用幽默的旁白讲解每餐的选择理由。

“健康饮食猜猜看”：制作一个互动环节，让观众猜测哪些食物是真正的健康食品，哪些是伪装的健康食品，最后揭晓答案并解释原因。

“健康饮食DIY工坊”：教授观众如何在家自制健康小吃或饮料，强调简单易学，同时穿插幽默的制作小插曲。

吸引眼球的标题建议：

“绿色养身大作战：揭秘健康饮食的幽默秘籍”

“笑出腹肌的健康饮食指南：绿色养身新风尚”

“健康饮食，绿色生活：幽默养身的5大秘诀”

下面是以“24小时健康饮食日记”为主题的拍摄脚本，以表格形式呈现。为了使拍摄效果更自然，我们可以在脚本中加入一些生活化的元素，比如日常对话、自然的动作和表情，以及一些即兴的幽默元素。

序号	拍摄时间	拍摄地点	景别	旁白/对话内容
1	早晨 7:00	厨房	中景	“早安，朋友们！看看我们的健康达人是如何用一顿美味的早餐唤醒沉睡的身体的。”
2	早晨 7:05	厨房	特写	“新鲜的水果沙拉，每一口都是维生素的盛宴，而且颜色搭配得这么美，简直不忍心吃掉它！”
3	上午 9:30	办公室	全景	“工作再忙，也不能忘了健康。看我们的达人是如何在办公室享受健康的小零食的。”
4	中午 12:00	餐厅	中景	“午餐时间，健康达人选择了什么？哦，是这个色彩丰富的蔬菜沙拉，看起来就很诱人！”
5	下午 3:00	咖啡厅	中景	“下午茶时间，一杯香浓的低糖咖啡，搭配全麦面包，享受悠闲时光的同时，也不忘记健康。”
6	傍晚 6:00	健身房	全景	“运动后的补充，达人选择了蛋白质丰富的食物，看这肌肉，简直让人羡慕！”
7	晚上 7:30	餐厅	中景	“晚餐时间，达人的晚餐总是让人眼前一亮。今天的主菜是烤鸡胸肉，搭配蔬菜，美味又健康。”
8	晚上 9:00	客厅	特写	“晚上的小零食时间，达人选择了一些低热量的健康零食。看这包装，是不是很可爱呢？”
9	晚上 10:00	卧室	全景	“一天的健康饮食就要结束了，达人是如何准备进入梦乡的？一杯热牛奶，一些轻松的音乐，完美的结束。”

在这个脚本中，我们加入了一些生活化的描述和幽默的语言，让旁白更加生动有趣。同时，通过特写镜头展示食物的细节，让观众感受到食物的新鲜和诱人。此外，通过全景镜头展示环境，让观众更好地融入视频中，感受到一天的健康饮食生活。

3.4.3 撰写教案收集学习资料

教育行业对内容的质量和创新性有着极高的要求。Kimi在教育领域的应用，能够帮助教师高效地撰写教案，丰富教学资源，提升教学质量。

Kimi能够根据教学大纲和学习目标，辅助教师设计教案，包括教学目标、教学内容、教学方法和评估方式。此外，Kimi还能够搜集和整理相关的学习资料，如学术论文、教育视频和在线课程，为教师提供丰富的教学资源。

例如，在准备一堂关于“环境保护”的课程时，Kimi帮助教师搜集了大量关于生态保护的案例和数据，使得课程内容更加丰富和有说服力。

用户提问：

你现在是一个教小学五年级的语文老师，你要讲一堂关于“环境保护”的课程，为了让课程内容更加丰富有说服力，你搜集了大量关于生态保护的案例和数据，请你把这些案例和数据都整理成文字+表格的教案，多设计一些跟学生互动的环节，并以互动为重点，帮助学生了解环境保护的重要性，培养学生的环保意识和责任感。

Kimi回答：

课程名称：守护绿色家园——生态保护与我们的行动

课程目标：

让学生了解生态保护的重要性和紧迫性。

通过案例和数据，展示环境问题的严重性。

培养学生的环保意识和责任感，激发他们参与环保行动的热情。

课程时长：45分钟

教学准备：

PPT课件（包含案例、数据图表、图片等）

环保主题视频短片

环保知识卡片

互动问答卡片

环保手工材料（废纸、旧瓶子等）

垃圾分类卡片

学生分组标签

教学流程：

1. 导入（5分钟）

开场白：同学们，我们的地球是一个美丽的家园，但是它正面临着许多环境问题。今天，让我们一起来了解这些问题，并探讨我们能做些什么。

2. 知识讲解（10分钟）

PPT展示：介绍生态保护的概念，包括森林、河流、海洋等生态系统的重要性。

数据展示：使用表格展示全球温室气体排放量、塑料污染数据等。

年份	温室气体排放量（亿吨CO_2）	全球塑料产量（百万吨）
2010	50	260
2020	55	350

案例分享：分享几个具体的环境问题案例，如亚马孙雨林的砍伐、海洋塑料污染等。

3. 视频观看与讨论（5分钟）

视频播放（3分钟）：

播放事先准备好的环保主题视频，如展示某个地区因环境破坏导致的生态危机，或者介绍一个成功的环保项目。

问题引导（1分钟）：

视频结束后，教师简要介绍讨论的目的，并提出几个预设的问题，鼓励学生思考并准备分享自己的观点。

小组讨论（5分钟）：

……

全班互动（2分钟）：

在小组分享后，教师可以提出一些开放性问题，邀请其他学生对分享的内容进行补充或提出不同意见，例如：

你同意刚刚分享的观点吗？为什么？

你认为还有哪些因素或方法可以提高环保行动的效果？

教师总结（1分钟）：

教师对讨论进行总结，强调学生观点的价值，并提供一些补充信息或更深层次的思考角度，以提升学生的理解和认识。

……

综上所述，Kimi作为一个多功能的人工智能助手，在不同行业的应用展现了其强大的适应性和实用性。无论是法律文书的撰写、电商运营的策划，还是内容创作和教育教案的编制，Kimi都能够提供专业的支持和高效的解决方案，助力专业人士在各自的领域取得更好的成绩。

3.5 Kimi的进阶使用技巧

Kimi不仅仅是一个工具，更是一个多才多艺的伙伴。随着人们对Kimi的了解不断加深，它的潜力和能力也逐渐展现出来。本节将揭开Kimi更深层次的功能，探索那些可能还未被充分利用的高级技巧，这些技巧与我们的生活密切相关。

3.5.1 联网功能与实时信息检索

Kimi的联网功能允许用户获取最新的信息和数据。无论是实时天气、汇率转换，还是最新的新闻动态，Kimi都能迅速提供。

以下是具体案例。

查询实时天气：用户可以请求Kimi提供特定地区的天气情况。

汇率查询：用户需要货币转换时，Kimi能够提供即时的汇率信息。

用户提问：

未来七天长沙市的天气怎么样？请以表格的形式分别罗列出来。

Kimi回答：

以下是长沙市未来几天的天气预报表格：

日期	天气状况	最高气温	最低气温	降雨概率
8月16日	大部晴朗	33℃	26℃	34%
8月17日	局部晴朗	34℃	26℃	28%
8月18日	大部晴朗	33℃	26℃	32%
8月19日	局部晴朗	33℃	26℃	22%
8月20日	局部晴朗	33℃	26℃	26%
8月21日	大部晴朗	33℃	27℃	17%
8月22日	大部晴朗	34℃	28℃	6%

当前天气状况表格：

指标	数值
温度	31℃
体感温度	36℃
湿度	71%
空气质量指数	43（空气优）
气压	991hPa
露点温度	26℃
紫外线指数	3（中等）

请注意，以上信息是根据最新获取的数据整理的，实际天气情况可能会有所变化。

3.5.2　内置应用与提示词的使用

Kimi内置了多种应用和提示词，如“提示词专家”“翻译通”“公文笔杆子”“i人嘴替”等，以帮助用户更快捷地完成任务。用户可以通过特定的提示词快速访问这些功能。

例如，用户可以使用“@翻译通”快速进行语言翻译，如图3-12所示。

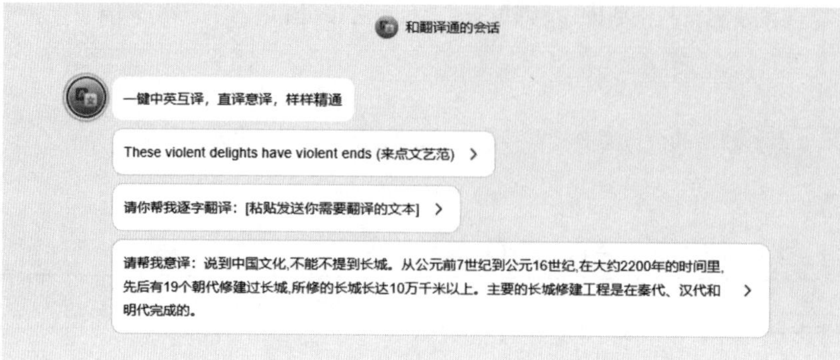

图 3-12

用户提问：

请帮我意译：说到中国文化,不能不提到长城。从公元前7世纪到公元16世纪,在大约2200年的时间里,先后有19个朝代修建过长城,所修的长城长达10万千米以上。主要的长城修建工程是在秦代、汉代和明代完成的。

Kimi回答：

When it comes to Chinese culture, the Great Wall is an indispensable topic. From the 7th century BC to the 16th century AD, spanning approximately 2200 years, a total of 19 dynasties contributed to the construction of the Great Wall, which extends over 100,000 kilometers. The main construction projects were completed during the Qin, Han, and Ming dynasties.

3.5.3 编程辅助功能与代码生成

Kimi能够提供编程辅导，帮助用户解决编程问题，并生成可执行的代码。用户既可以请求Kimi解释某个编程概念或语言特性，也能够根据用户的需求生成特定功能的代码片段，具体案例如下所示。

用户提问：

随机写一段Python代码。

Kimi回答：

当然可以。以下是一段简单的Python代码，用于生成一个随机数列表，并计算列表中所有数字的总和：

```
python
import random
# 生成一个包含10个随机整数的列表，每个整数的范围是1到100
random_numbers = [random.randint（1, 100）for _ in range（10）]
```

```
#计算列表中所有数字的总和
total_sum = sum ( random_numbers )
print ( "随机生成的数字列表:", random_numbers )
print ( "列表中所有数字的总和:", total_sum )
```

当你运行这段代码时，它将输出一个包含10个随机整数的列表，以及这些数字的总和。每次运行都会得到不同的结果，因为列表中的数字是随机生成的。

3.5.4 在图片内容解析与处理中的尝试

Kimi具备图片内容解析的能力，可以识别和处理图片中的信息，并为用户提供相关的服务。例如，用户发送一张带有相关数据的图，Kimi能够识别并读取图片中的信息。

用户提问：

整理这张图里面的核心内容，如图3-13所示。

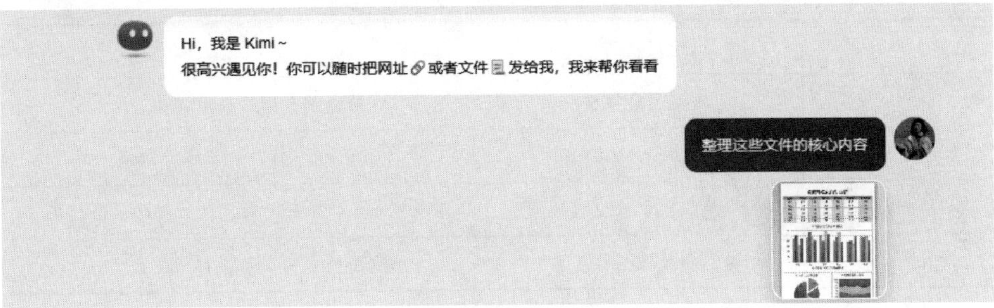

图 3-13

Kimi回答：

文件中提供了一组销售数据的季度分析和个人占比信息。以下是核心内容的整理：

销售数据季度分析

姓名：李四、张三、黄晓、谢三、张敏、陈开

季度：二季度、三季度、四季度（一季度的数据未提供）

年度总计：各人全年的销售数据总和

个人占比：各人在年度销售中的占比

具体数据

李四：857（年度总计），占比16%

张三：967，占比18%

黄晓：1005，占比18%

谢三：897，占比16%

张敏：802，占比15%

陈开：912，占比17%

数据可视化

折线表：显示了销售数据按季度的变化趋势

扇形表：显示了个人占比分析

面积分析表：显示了季度数据的面积分析

备注

数据可视化自动分析

Excel/A4打印

内容可随意修改

自带格式

这些信息提供了一个销售团队在不同季度的销售表现和个人贡献的概览。

除此之外，Kimi还可以帮助用户解析图表或图形数据，并提供相应的解释或总结，以下就是Kimi对进阶使用技巧的汇总。

Kimi回答:

进阶使用技巧表格

功能分类	使用技巧	示例
联网功能	实时信息检索	查询天气、获取汇率
内置应用	提示词快速访问	“@翻译通”进行语言翻译
编程辅导	解释编程概念、生成代码	解释Python的类和对象，生成排序算法代码
图片内容解析	识别和处理图片信息	读取图片中的文本，解析图表数据

通过上述内容的总结和表格展示，用户可以更清晰地了解Kimi的进阶使用技巧，并能够根据示例快速掌握如何利用这些技巧来提高工作效率。

第 4 章　文心一言：工作与生活的绝佳伙伴

文心一言，其名字中的“文心”寓意着“文心雕龙”，象征着对知识与智慧的精雕细琢，而“一言”则强调了其在提供信息、解答问题时的简洁与高效。作为百度依托强大的深度学习技术和海量数据资源研发的知识增强大语言模型，文心一言已经成为众多用户工作与生活中的绝佳伙伴。

本章将分别从职场、学习和生活等不同应用场景来详细介绍文心一言的主要功能和使用指南，并提供相关的使用步骤和具体案例。

4.1 文心一言基础介绍

文心一言致力于理解和生成自然语言，旨在为用户提供流畅、精准的沟通体验。文心一言融合了先进的人工智能技术，能够处理复杂任务、辅助创作，让语言交互更加智能便捷。

4.1.1 认识文心一言

文心一言（英文名：ERNIE Bot）是百度全新一代知识增强大语言模型，文心大模型家族的新成员，能够与人对话互动、回答问题、协助创作，高效便捷地帮助人们获取信息、知识和灵感。文心一言从数万亿数据和数千亿知识中融合学习，得到预训练大模型，在此基础上采用有监督精调、人类反馈强化学习、提示等技术，具备知识增强、检索增强和对话增强的技术优势。自2023年3月启动邀测以来，文心一言已迅速发展成为功能强大的生成式AI产品。

截至2024年6月，文心一言累计用户规模已达3亿，日调用次数达5亿，显示出其广泛的用户基础和活跃的使用场景，如图4-1所示。

图 4-1

4.1.2 文心一言功能

文心一言作为一款先进的智能语言模型，具备多种主要功能，这些功能使得它在处理语言任务时表现出色。以下是文心一言的主要功能及其详细论述。

1. 智能对话与回复

文心一言能够与用户进行自然流畅的对话，快速理解用户的问题或需求，并给出准确的回答。文心一言利用深度学习技术和大规模语料库进行训练，从而能够识别并回应各种语境下的语言输入。无论是闲聊、问答还是技术咨询，文心一言都能提供恰当且有用的回复，如图4-2所示。

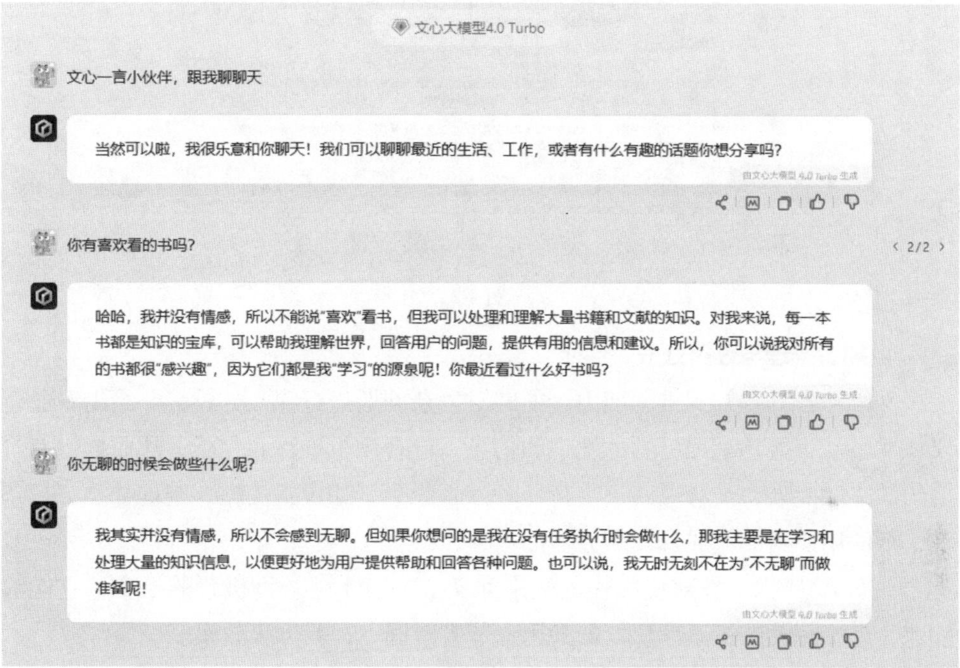

图 4-2

2. 内容创作生成

文心一言不仅限于简单的文本回复，它还具备强大的内容创作能力。用户可以提供关键词、主题或简短的描述，文心一言能够生成符合要求的文章、故事、诗歌等文本内容。此外，文心一言还支持不同的写作风格和语言风格，使得生成的文本更加多样化和个性化。

3. 多模态生成与理解

除了文本生成，文心一言还能够结合图片、音频和视频等多种媒体形式进行多模态生成。文心一言能够理解并解释这些多媒体内容，将其与文本相结合，生成更加丰富和生动的表达。例如，用户提供一张图片，文心一言可以根据图片内容生成相关的描述或故事，如图4-3所示。

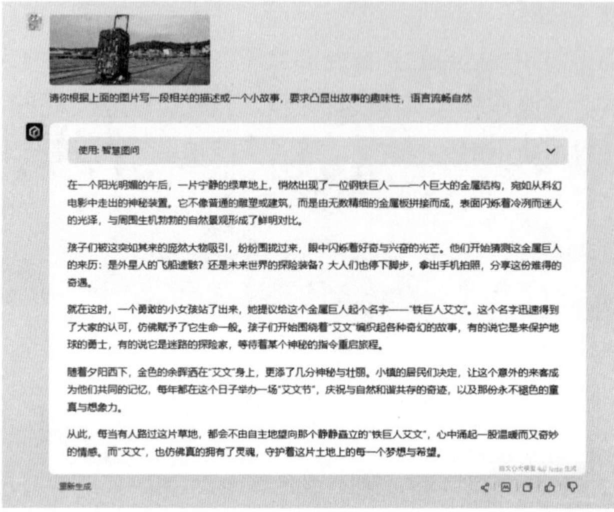

图 4-3

4. 知识推理与任务处理

文心一言具备知识推理能力，能够对复杂问题进行深入分析，并给出专业建议。文心一言能够利用已有的知识和信息，进行逻辑推理和判断，从而提供有价值的答案。此外，文心一言还支持任务处理指令，如设置提醒、查询并预订机票等，帮助用户高效完成日常事务。

如图4-4所示，在对应的输入框中向文心一言下达查询机票的指令，它能够快速整理好相关的机票信息，帮助用户节省时间，提高办事效率。

图 4-4

5. 数据分析与优化

文心一言提供数据分析与优化功能，使得用户能够了解他们的写作内容在不同平台上的表现。通过数据分析报告，用户可以查看文章的阅读量、转化率等数据指标，评估内容的质量和效果。此外，文心一言还可以根据用户的反馈和数据分析结果，智能优化生成的写作内容，提升文章的质量和吸引力。

6. 隐私保护与安全性

文心一言注重用户的数据安全和隐私保护。文心一言采用高级的数据加密技术，确保用户的写作内容和个人信息不被泄露。同时，文心一言还遵循严格的数据隐私政策，保护用户的合法权益。

综上所述，文心一言是一款先进的知识增强大语言模型，其功能强大且多样，能满足用户在不同场景下的需求，在多个领域发挥重要作用。

4.1.3　文心一言对话框

文心一言的主页非常简洁，如图4-5所示，其主页大致可以分为4个板块：第一个板块是对话框；第二个板块是输入框；第三个板块是历史对话记录；第四个板块是其他区域，具体包括开启新对话、个性化定制、百宝箱和使用指南。

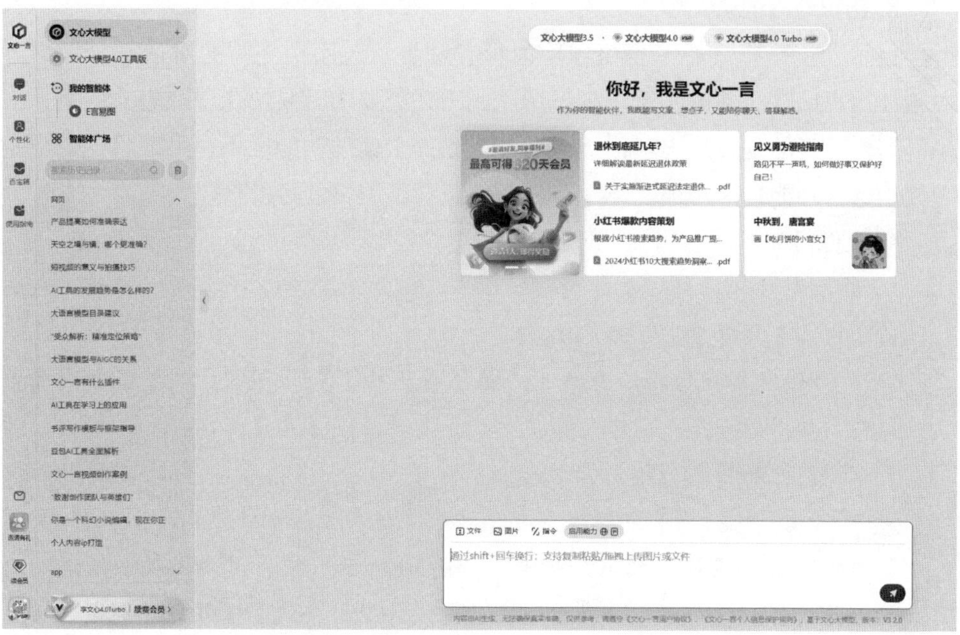

图 4-5

接下来介绍每个板块的功能及作用。

1. 对话框

对话框是文心一言与用户进行交流和沟通的重要渠道，旨在更积极地响应用户的操作。

对话框板块的上半部分成了3.5、4.0和4.0Turbo三个版本的文心大模型，第一个版本是满足日常需求的模型，所有用户都可使用，而后面两个版本的模型只对VIP用户开放。

对话框板块的中间部分是“文心一言”的自我介绍，包括写文案、聊天、答疑解惑等字样。在对话框板块的下半部分则罗列了最近的时事热点事件，方便用户直接单击查看相关的信息。

2. 输入框

输入框是文心一言与用户交互的重要桥梁，主要作用如下：接收用户输入的自然语言指令或问题，进行文本生成或问题回答；实现连续对话，根据用户历史输入推断意图，提供准确回答；同时，关联个性化推荐系统，根据用户兴趣和行为推荐相关内容；在工作之余，还能作为个人智能助理，陪伴用户进行自由聊天、创作等，成为用户的贴心倾听者和陪伴者。

3. 历史对话记录

这一功能是指文心一言可以实时保存和展示与用户之前的对话记录，它可以帮助用户回顾之前的交流内容，便于用户在需要的时候快速获取之前的对话信息。需要注意的是，历史对话记录功能只是一个辅助功能，用户可以自主决定是否使用这一功能。对于那些不重要的对话记录，用户也可以直接删除。

4. 其他区域

- 开启新对话：这一功能使得文心一言能够直接开启一个新的对话，与之前的内容分隔开来，互不影响。
- 个性化定制：该功能允许用户根据自己的需求和喜好，调整服务内容和风格，提供贴合个人需求的智能体验。其特点在于高度灵活性和适应性，满足不同用户场景下的特定需求。
- 百宝箱：文心一言的百宝箱功能集合了各类主题的优质Prompts，涵盖创意写作、代码设计、数据分析等，如图4-6所示。它为用户提供一站式AI应用体验，其内容丰富、分类清晰，功能设计友好，便于操作，特别适合不熟悉AI的用户快速掌握实用技巧。

图 4-6

➢ 使用指南：它是文心一言的使用手册，主要由“认识文心一言”“基础指令技巧”“进阶写作方法论”和“AI自媒体训练营系列课程”4个部分构成，其案例贴切，语言通俗易懂，可操作性强，用户在正式探索文心一言之前可以花5～10分钟浏览一下，相信会有不一样的新奇体验。

4.1.4 文心一言指令

为了方便用户使用，文心一言为用户贴心地准备了详细的使用指南，如文心一言基础指令、进阶指令等，案例翔实，简单易操作，用户根据这一手册就可以轻松上手并灵活使用文心一言的各项功能，如图4-7所示。

1. 指示的类型

AI工具的回答是以用户的指令为基准的，用户只有指令下达得越具体、越清晰，文心一言的回答才会越准确。这一部分的内容主要以文心一言的使用手册为参考进行介绍。文心一言的指令包含主题指令、风格指令、改写指令、功能指令和参数指令共5种类型。

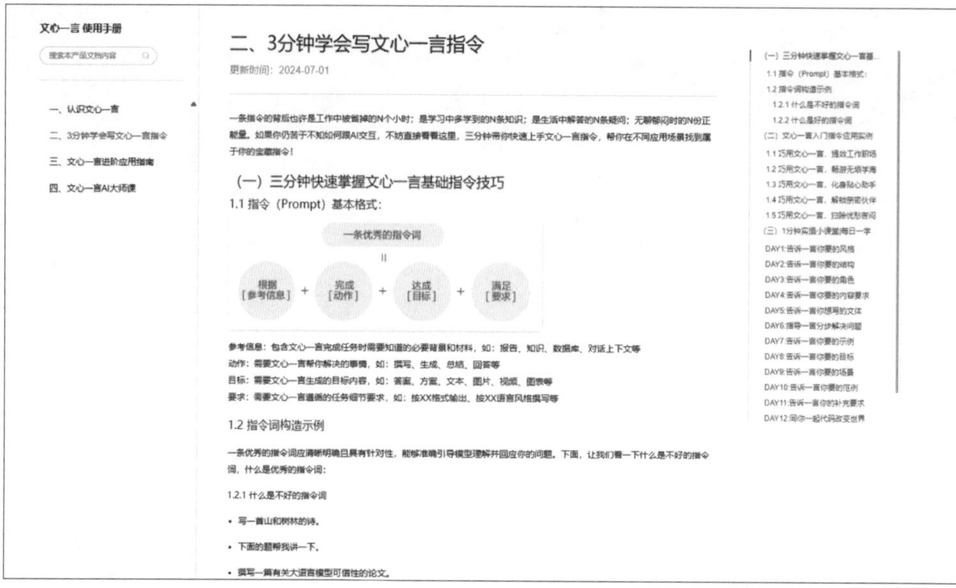

图 4-7

（1）主题指令：用户指定文案或内容的主题。明确内容的核心主题，如“人工智能在医疗领域的应用”；指定目标受众，如“为青少年编写一篇关于环保的文章”；设定内容的背景或情境，如“撰写一篇关于未来城市生活的科幻故事”。这类指令帮助AI系统明确创作或生成内容的中心思想。

（2）风格指令：用户要求AI按照特定的风格生成内容，如幽默、正式、轻松等，例如，“请用幽默的风格撰写一篇关于健身的文案”。用户可以指定文案的语调，如“用轻松的语气描述一天的日常生活”；可以要求特定的文学风格，如“模仿古典文学的风格写一首诗”；可以强调情感色彩，如“用充满希望的语气写一篇关于未来教育的文章”。风格指令有助于确保生成的内容符合用户的预期风格。

（3）改写指令：用户对已有的文案进行修改、优化或重写的指令，具体包括对现有文案进行润色、改变文案的角度或立场、调整文案的长度或者复杂度3种方式。这类指令可能包含对文案内容、风格、语气等方面的具体请求，旨在提升文案的质量和吸引力。

（4）功能指令：针对AI工具的不同功能，如图像生成功能、指定输出格式（PDF格式、TXT格式等），用户根据自己的实际需求输入相应的指令来调用这些功能。例如，用户可能会输入“生成一幅描绘夕阳下海滩的风景画”或“将这段录音转换成文字”的指令来完成特定的AI功能。

（5）参数指令：在一些复杂的AI工具中，用户可能还需要输入一些参数指令来进一步细化生成内容的要求。这些参数可能涉及颜色、尺寸、分辨率等多个方面，有助于确保生成的内容更加符合用户的精确需求。例如，用户可能下达“生成一幅宽度为1080像素的图像”或“使用温暖的色调来绘制这幅画”这样的指令。

2. 指令的格式

什么是好的指令词？什么是不好的指令词？一条优秀的指令词应该清晰明确且具有针对性，能够准确引导模型理解并回应你的问题，如图4-8所示。

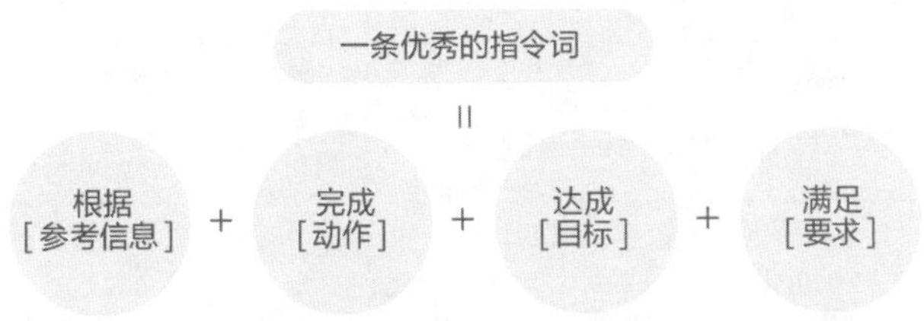

图 4-8

指令基本格式包括参考信息、动作、目标和要求4个部分。

参考信息：包含文心一言完成任务时需要知道的必要背景和材料，如报告、知识、数据库、对话上下文等。

动作：需要文心一言帮你解决的事情，如撰写、生成、总结、回答等。

目标：需要文心一言生成的目标内容，如方案、文本、图片、视频、图表等。

要求：需要文心一言遵循的任务细节要求，如按××格式输出、按××语言风格撰写等。

这里列举几条提示词供读者参考，大家可以对比一下好的提示词与不好的提示词之间的差别。

➢ “请以高中数学老师的身份，在高中课堂上，根据《高中数学必修一》内容，逐步解答学生关于集合的数学问题，并给出解题步骤及相关知识点。”

➢ “假如你是一个资深的影视编导，请你结合你丰富的工作经验，为初入这一行的新手小白提5～8条相关的行业建议，帮助他们快速入门。”

➢ “写一首关于亲情的诗。”

➢ “帮我写一份周报。”

3. AI指令通用撰写技巧

这里整理了AI指令通用技巧，感兴趣的读者可以按照下面的技巧实际操作演示一番，如表4-1所示。

表 4-1

AI指令通用撰写技巧		
明确性和具体性	确保提示词清晰明了，具体指出任务和预期输出	“请总结以下文章的主要内容，不超过200字。”
结构化指令	使用分隔符分隔提示词中的不同部分；请求结构化输出	分隔符：“#”“---”“ “” ” ”；请求JSON、Markdown格式返回
角色设定	为AI分配具体角色，引导其从特定视角或领域思考和回答	“你是一位历史老师，请向我解释‘二战’的原因。”
简洁明了	避免使用多余的礼貌用语或冗长的句子，直接表达需求	“请提供明天的天气预报。”
逐步引导	将复杂任务分解为简单步骤，逐步引导AI完成；要求展示推理过程	“首先，请识别图片中的物体；其次，描述物体的特征和位置。”；“在回答之前，请详细描述你的思考过程。”
示例引导	为AI提供具体示例，帮助其理解任务并模仿生成	“请参照以下示例，编写一篇关于环保的文章。”
友好互动	以友善和尊重的态度与AI沟通，建立积极的互动氛围	“请尽可能详细地回答我的问题，谢谢。”
迭代优化	尝试不同的提示词组合，观察输出结果，通过迭代找到最佳提示词；记录每次实验的提示词和输出结果	实验与调优；记录与分析
外部工具利用	鼓励AI利用联网能力或调用外部工具来辅助完成任务	“请利用互联网资源，为我提供最新的科技新闻。”
压制幻觉	强调回答必须准确无误，避免产生幻觉或错误信息；限定回答范围和内容源	“你的回答必须基于可靠的事实和数据。”；“你的回答只能基于用户上传的文档内容。”

4.2 文本辅助生成

文心一言的文本辅助功能表现出色，它能够根据用户的输入快速生成符合要求的文本内容，并具备智能纠错、句式变换、段落重组等功能，极大地提升了写作效率和质量，使得文心一言成为广大写作者和创作者不可或缺的得力助手。

4.2.1 新闻类稿件生成

新闻类稿件作为传递信息、报道事件的重要文体，具有真实性、新鲜性、简短性、及时性和结构性等一系列鲜明的特点，这些特点共同构成了新闻稿件的独特魅力和价值所在。

所谓“新闻”，追求的就是一个“新”字，因此，新闻类稿件的撰写尤其注重时效性，往往追求“快”“准”“狠”，与时间争分夺秒。毕竟，谁最先将社会上的热点事件发出来，谁就占据了资源的上风，而一旦过了事件的时效性，稿件就失去了它应有的价值。

用户提问：

你是一名经验丰富的新闻编辑，请你撰写一篇关于经济数据的深度报道，确保数据的准确性和语言的严谨性。

文心大模型：

【经济观察】二季度经济数据深度解析：复苏态势稳固，但挑战依然存在

【导语】

随着二季度经济数据的正式公布，我国经济复苏的态势进一步得到确认。一系列关键经济指标显示，国内生产活动加速回暖，市场需求逐步恢复，但同时，外部环境的不确定性与内部结构调整的需求也为未来经济发展带来挑战。本文将深度解析最新发布的经济数据，探讨经济复苏的现状与前景。

【核心数据概览】

GDP增长率：二季度GDP同比增长7.9%，较一季度显著回升，显示出经济活动的强劲反弹。这一增长率不仅高于市场预期，也标志着我国经济在经历疫情冲击后，正稳步回归正常增长轨道。

……

【深度分析】

复苏动能转换：从数据看，经济复苏的动力正从政策驱动转向内生增长，特别是制造业和消费的强劲表现，是经济自主复苏的重要信号。

结构调整成效初显：高新技术产业和服务业增长快于整体经济，显示出经济结构优化的趋势。但同时，传统产业转型升级的压力依然存在。

政策效应评估：一系列财政、货币及产业政策的有效实施，为经济恢复提供了有力支撑。未来政策需更加注重精准性和可持续性，平衡好稳增长与防风险的关系。

【结语】

二季度经济数据的积极表现，无疑为全年经济增长奠定了坚实基础。然而，面对国内外多重挑战，保持战略定力，深化供给侧结构性改革，促进创新驱动发展，将是确保经济长期健康稳定发展的关键。未来，政策制定者需继续密切监测经济动态，灵活调整政策工具，以应对可能出现的风险与挑战，推动经济高质量发展。

4.2.2 公关类稿件生成

公关类稿件是企业或组织在公共关系活动中不可或缺的一种文稿形式。公共类稿件通过特定的渠道和方式向目标受众传递信息，塑造和维护企业或组织的正面形象，提升其知名度、美誉度和影响力。

用户提问：

公司即将推出一款新的电动汽车，其产品性能节能省电、动力足，为此要发布一则有关产品的宣传会，请你写一则相关的公关类文稿。

文心大模型：

【新闻稿】

引领绿色出行新风尚：××公司即将发布全新节能省电、动力强劲的电动汽车

[城市名，日期]——在全球汽车行业加速向新能源转型的大背景下，××公司积极响应国家节能减排号召，致力于为消费者提供更加环保、高效的出行解决方案。今日，我们荣幸地宣布，经过长时间的研发与测试，一款集节能省电与强劲动力于一身的全新电动汽车即将面世。

……

目前，这款电动汽车已进入最后的生产准备阶段，预计将于[具体日期]正式上市。届时，××公司将举办盛大的发布会，邀请各界媒体和嘉宾共同见证这一绿色出行新纪元的开启。

××公司始终秉持“创新、绿色、共享”的发展理念，致力于为消费者提供更加智能、环保的出行选择。我们相信，这款全新电动汽车的推出，将进一步推动新能源汽车行业的发展，为构建更加美好的绿色地球贡献我们的力量。

敬请期待××公司全新电动汽车的震撼上市！

联系方式：

[公司名称]

[公司地址]

[联系电话]

[官方网站]

媒体联系人：

[姓名]

[职位]

[联系电话]

[电子邮箱]

4.2.3 演讲类稿件生成

演讲类稿件，通常称为演讲稿或演讲词，是在较为隆重的仪式上和某些公众场合发表讲话的文稿。这类稿件具有针对性、可讲性、逻辑性、口语化等鲜明的特点。

用户提问：

假如你现在是一名云南民族织锦的非遗手艺人，你受邀参加某节目的演讲比赛来宣传织锦这一非遗文化，希望能引起更多人的关注，请你为此写一篇有感染力的演讲稿。要求在演讲中多加一些具体的案例来证明，请以讲故事的口吻来演讲。

文心大模型：

尊敬的评委，亲爱的观众朋友们：

大家好！

今天，我站在这里，带着一颗热忱的心，想要和大家分享一种古老而美丽的艺术——云南民族织锦。这不仅仅是一块块绚丽的布料，更是我们民族智慧与文化的结晶，是非物质文化遗产中的瑰宝。

记得小时候，我常常坐在祖母身旁，看着她用那双灵巧的手，在织机上穿梭引线，仿佛是在编织着一个又一个美丽的故事。那时候，我不懂什么是非遗，只知道祖母织出的锦缎，色彩斑斓，图案生动，让我着迷。每一根线，每一个结点，都蕴含着祖母对生活的热爱和对传统的坚守。

云南民族织锦，源于我们丰富多样的民族文化。让我给大家讲一个真实的故事。在云南的一个偏远小山村，有一位名叫阿秀姐的织锦艺人。她自幼跟随母亲学习织锦技艺，几十年来，无论生活如何变迁，她都坚守着这份传统。

……

我希望，通过我们的共同努力，能够让更多的人了解云南民族织锦，感受它的魅力，甚至亲自参与到织锦的学习和传承中来。让这份古老的智慧，在现代社会中焕发出新的生机与活力。

最后，我想用一句话来结束我的演讲："织锦如画，文化如歌。让我们携手，共绘这幅绚丽多彩的非遗画卷，让云南民族织锦的旋律，永远回荡在世界的每一个角落。"

谢谢大家！

4.2.4 工作计划的制订

文心一言生成工作计划的过程是一个高度智能化的过程，它结合了用户输入、智能分析和建议输出等多个环节，为用户提供了一个高效、便捷的工作计划制订工具。要想使文心一言生成一个详细、合理且可操作性强的工作计划方案，下达的指令就必须明确、具体。

为了制订一份翔实而合理的工作计划，并让文心一言能够充分领悟到你的意思，可以下达表4-2所示的指令。

表 4-2

指令序号	指令步骤	指令内容
1	明确指令目的	"请帮我制订一份针对[具体项目或任务]的工作计划，主要目标是[具体目标描述]。"
2	计划背景阐述	"这个项目的背景是[简述项目背景、重要性、相关利益方等]，请考虑这些因素来制订计划。"
3	关键任务	"我认为这个项目中的关键任务包括[列出你认为的重要任务]，请确保这些任务在你的工作计划中得到体现。"

续表

指令序号	指令步骤	指令内容
4	时间进度	“我希望这个项目能在[具体时间]之前完成，请在这个时间框架内安排任务进度。”
5	具体步骤和预期结果	“请确保你的工作计划既详细又合理，包括每个任务的开始和结束时间、负责人、所需资源等。”
6	可调整	“请确保工作计划具有灵活性和可调整性，以适应可能的变化。”
7	风险评估及应对措施	“请在工作计划中包含风险评估和应对措施，以应对潜在的问题。”
8	输出形式	“请将工作计划以表格形式输出，以便我可以清晰地查看和编辑。”
9	期待和重要性	“这份工作计划对我们团队的成功至关重要，我期望你能充分发挥你的能力，制订出一份高质量的计划。”

通过下达上述这些明确的指令，文心一言将能够更好地理解你的需求，并为你制订出一份翔实而合理的工作计划。注意，在收到初稿后，要及时提供反馈，以便进行必要的调整和完善。

指令整合的具体案例如下所示。

请为一个卖医疗保险的销售经理写一个团队第二度计划，目标是突破最高业绩记录。计划需要包括以下要点：（明确目标）突破100万元业绩，目标要具体、可衡量；（工作任务）列出达到目标所需完成的任务；（资源分配）为每项任务分配好执行人员，确定好任务预先时间和截止时间；（风险预测）预测可能出现的困难和挑战，提前想好应对策略；（跟进与评估）确保工作计划有灵活性和可调整性，设置定期检查机制；（期待和重要性）这份工作计划对我们的团队至关重要，请你充分发挥出你的能力，制订出一份高质量的计划。

将上述指令输入到文心一言的对话框中，可以得到如下回答。

文心大模型：

团队第二季度突破百万业绩计划

一、明确目标

目标设定：本季度内，团队需突破100万元医疗保险销售业绩，具体细化为每月至少达成25万元销售额，以确保季度总目标的实现。

衡量标准：以实际成交保单金额为准，通过CRM系统实时跟踪并记录。

二、工作任务

市场调研与分析：深入了解目标客户群体的需求变化，分析竞争对手策略。

产品知识培训：组织团队成员进行医疗保险产品知识强化培训，提升专业度。

营销策略制订：设计吸引人的营销方案，包括线上推广、线下活动及合作伙伴营销。

……

五、跟进与评估

周例会制度：每周一召开团队会议，回顾上周进展，规划下周任务。

月度评估：每月末进行业绩评估，分析达成情况，调整策略。

灵活调整机制：根据市场反馈和团队表现，适时调整任务分配和时间节点。

六、期待与重要性

这份工作计划对我们团队的重要性不言而喻，它不仅是挑战自我、突破极限的机会，更是巩固我们在医疗保险市场地位的关键一步。每位团队成员的全力以赴，将直接决定我们能否创造新的业绩辉煌。让我们携手并进，以创新为翼，以坚持为舵，共同驶向成功的彼岸。

此计划旨在为我们的团队提供一个清晰、可行的路径，以确保我们能够超越过往，实现百万业绩的突破。期待大家的共同努力与卓越表现！

4.2.5 宣传文案的生成

宣传文案是一种营销工具，主要通过文字来传达特定信息、吸引目标受众并激发其行动。其主要目的是推广产品或服务，提升品牌形象，引导消费者了解、购买或使用某一特定产品。

撰写宣传文案的人总有文思枯竭的时候，使用文心一言来生成宣传文案，枯燥的工作立马就变得轻松、简单起来，大大提高工作效率的同时，又收获了不同新点子的灵感碰撞。

用户提问：

写一个关于跑鞋的宣传文案，要求语言简洁有力，专业性强；重点突出跑鞋的流畅造型、拼装色的时尚感，轻便透气的特点。

文心大模型：

"重塑跑步风尚！全新跑鞋，流畅造型勾勒速度之美，拼装色彩碰撞时尚火花。轻若无物，透气性极佳，让双脚自由呼吸，每一步都畅快淋漓。开启你的炫彩跑程，让每一步都成为街头风景线！"

4.3 个人内容 IP 打造

个人内容IP的打造是一个系统性的过程，涉及多个方面的策略和技巧。文心一言基于人工智能技术，可以通过提供选题灵感、内容创作与优化、数据分析与用户洞察及个性化定制等多方面的支持，帮助用户打造具有独特魅力和影响力的个人内容IP。

4.3.1 图文类内容的创作

个人内容IP是指个人创作或拥有的具有独特性和影响力的内容，如文章、视频、音频、图片等。这些内容通常以某种形式（如自媒体平台、社交媒体、个人网站等）进行发布和传播，以吸引和积累粉丝或受众。

个人内容IP是个人IP的重要组成部分，它通过具体的内容形式展现个人的才华、观点和价值观，从而增强个人IP的吸引力和影响力。这个概念不仅代表了个人的专业性和独特性，还蕴含了巨大的商业潜力和社会价值。

新手打造个人内容IP的第一步往往会选择图文类内容的创作，接下来将会重点介绍这类创作的执行步骤和流程。

1. 明确个人定位与风格

制作内容之前首先要确定好内容方向，也就是明确个人账号的定位和风格，这个步骤一般与用户自身的兴趣、爱好或者从事的行业专业性有比较大的关系。

例如，如果你是一名厨师，在研究美食上比较擅长，那么就可以做美食类的垂直账号，专门分享一些做美食的内容。根据自己的实际情况来确定在美食领域的专长或独特视角，如制作家常菜、探索地方小吃、分享健康轻食等，选择一个最擅长的即可。

明确你的内容风格，是以轻松幽默、温馨治愈为主，还是以专业严谨的风格出圈，这些都需要结合用户自身的性格特点进行选择，要让受众在阅读图文时能感受到账号的个性。

2. 高质量内容创作

明确了个人定位与风格之后，用户还需要保持一定的更新频率，按时上传内容。高质量的内容创作是吸粉的关键，用户可以从选题策划、图片拍摄和文案撰写3个方面下功夫。

- 选题策划：结合时令、节日、热门话题等，策划吸引人的美食选题；或者可以通过关注食材的新鲜度、季节性的美食、流行的饮食趋势等方向进行选题。
- 图片拍摄：使用高质量的相机或手机，确保图片清晰、色彩鲜艳。重点拍摄美食的成品图、制作过程、食材特写等，用不同的机位展现美食的各个方面。
- 文案撰写：撰写生动有趣、简洁明了的文案。介绍美食的制作步骤、背后的故事、口感描述等，让读者感受到美食的魅力。

例如，如果你今天要分享一道“糖醋排骨”的美食制作方法，可以利用文心一言快速生成文案，如下所示。

文心大模型：

🔥【糖醋排骨】秘籍来啦！酸甜可口，红亮诱人，一口接一口停不下来～😋
💥材料准备：
猪排骨：500克
生姜：几片
料酒：1汤匙
酱油：2汤匙
白糖：3汤匙
醋：4汤匙
清水：5汤匙（记住这个黄金比例1:2:3:4:5哦！）
盐：适量
芝麻、葱花：少许（装饰用，让菜品更美美哒！）
👩 🍳制作步骤：
1. 准备排骨：排骨洗净剁小块，开水焯一下去血水和杂质，冷水冲洗后沥干水分。
2. 腌制排骨：加入几片生姜和1汤匙料酒，拌匀腌制15分钟，去腥又增香～✨
……
💡小贴士：
糖醋比例可以根据个人口味调整哦，喜欢甜一点就多加点糖，喜欢酸一点就多加点醋～
炒制时要注意火候，避免糖醋汁烧焦哦～🔥
排骨煎制前先腌制，去腥又提味，绝对的小秘诀！😉
快来试试这道糖醋排骨吧，保证让你欲罢不能，一口接一口停不下来～😊💖

3. 建立受众连接与互动

有了基础的内容之后，如果内容足够优质，会吸引相应的粉丝点赞、关注和收藏。这时就进入与目标受众连接与互动的环节啦！

➢ 受众分析：你需要了解你的目标受众是谁，关注他们的兴趣、需求和行为习惯。定时查看评论区或者通过数据分析，不断优化自己的创作内容以更好地满足受众。

➢ 增强互动：鼓励受众在评论区留言、分享他们的美食体验或提问。及时回复受众的评论，建立良好的互动关系等。

4. 持续优化与创新

创新是保证自己内容创作的必备要素，只有不断创新，保持自己的特色，才能在一众同类型账号中脱颖而出，赢得广大网友的喜欢和关注。因此，持续优化和创新的背后，必须养成定时分析和复盘总结的好习惯。新手用户可以从数据分析、持续学习和尝试新形式这3点出发。

➢ 数据分析：定期关注阅读量、点赞量、评论量等数据指标，分析哪些内容更受欢迎，哪些需要改进，即从数据出发进行复盘。

➢ 持续学习：关注美食领域的最新动态和趋势，不断学习新的烹饪技巧、食材知识等，保持内容的新鲜度和创新性，即保证自己专业性。

➢ 尝试新形式：在保持图文形式的基础上，可以尝试引入短视频、直播等新形式的内容，以吸引更多元化的受众。

通过以上步骤的实施和优化，将能逐步打造出一个具有独特魅力和影响力的美食类个人内容IP。记得保持热情和耐心，不断磨砺技艺和创作能力。

4.3.2 视音频类内容的创作

视音频类的内容创作与图文类内容的创作步骤和流程大同小异，最大的不同就是内容输出的形式一个是视频和音频，另一个则是图文。因此，详细的有关视音频内容创作的步骤和流程这里就不再赘述了，用户可以参考“图文类内容的创作”这一部分的内容进行学习。

如果确定好了要做一个视频账号，以视频或音频的方式呈现内容，而且个人定位和风格也已经明确，那么接下来要做的就是策划优质选题和撰写脚本，优化镜头语言，尽最大努力去提高视频的质量。这几点文心一言可以提供很大的帮助。

例如，假设你想要制作一个关于旅行体验的Vlog短视频，但苦于没有灵感和时间去编写脚本，这时，你可以利用文心一言来辅助创作。

用户提问：

请为我写一个城市旅行体验短视频脚本帮助我完成拍摄，视频内容包括探索古老街巷、品尝地道美食，要求镜头语言丰富有趣，符合高标准的视频剧本要求。

文心大模型：

城市旅行体验短视频脚本：古城美食奇遇记

标题：古城美食奇遇记

时长：60秒

镜头1（5秒）

画面：清晨，古老街巷的鸟瞰镜头，阳光洒在石板路上，古色古香的建筑映入眼帘。

旁白：“在这座历史悠久的城市中，有一个关于美食和探险的奇妙故事即将开始。”

镜头2（5秒）

画面：主角（一个带着探险帽的年轻人）兴奋地踏入街巷，背景是古老的城墙。

音效：轻快的背景音乐，偶尔传来远处的叫卖声。

……

画面：镜头拉远，展示整个小吃街的热闹景象。主角与老猫一起漫步其中。

旁白："在这里，美食不仅仅是味蕾的享受，更是一种生活的态度。而这只老猫，似乎就是古城美食的守护者。"

镜头9（5秒）

画面：日落时分，古城被染上了一层金色。主角与老猫坐在石板路上，享受着这一刻的宁静。

旁白："当夜幕降临，古城又展现出了另一番韵味。感谢你的陪伴，老猫，也感谢这场美食奇遇记。"

结尾（5秒）

画面：展示城市的标志性建筑或景观作为结尾，主角与老猫挥手告别。

字幕："探索不止，美味不息。期待你的下一次旅行奇遇！"

音效：背景音乐渐弱，结束于宁静的氛围中。

在制作完成视频后，如果对视频的标题不满意，还可以利用文心一言来生成吸引人的视频标题和描述，以提高视频的曝光率和点击率，如下所示。

用户提问：

我想做一个情感共鸣类的短视频，主题是"每天像太阳一样朝气蓬勃、积极向上"，请为我提供5条短视频标题文案，风格要幽默风趣，振奋人心。

文心大模型：

"每天起床第一句，先给自己打个气！太阳见了都羡慕，朝气蓬勃就是我！"

"谁说只有早晨有阳光？我每天都是自带光芒的小太阳，朝气蓬勃，照亮你的日常！"

"朝气蓬勃不是梦，只要心中有太阳，每一天都能笑对人生，正能量满满当当！"

"早上起床困难户？不存在的！我是那个比闹钟还准时，比太阳还闪耀的朝气蓬勃小达人！"

"不是太阳也得发光，不是超人也要坚强！我每天朝气蓬勃，积极向上，做自己的小太阳！"

总之，文心一言为短视频内容创作带来了便捷性、创新性和高效性，是创作者提升创作水平、吸引观众注意力的有力工具。文心一言可以帮助创作者快速生成丰富多样的脚本和创意，还可以个性化定制，满足创作者不同主题和风格的创作需求，其生成的文案贴近真实语境，易于引发观众的共鸣。

4.3.3 不同媒体平台内容的创作

不同媒体平台会有不同的特点，因此，其平台的内容创作也应该符合相应的平台调性，这样才会使内容看起来更自然，增加用户黏性，提高个人IP的独特性和影响力。

下面分别以小红书、抖音、微博和B站这4个媒体平台为例，具体分析这些平台的调性和特点。

1. 小红书的调性和特点及内容创作建议

小红书主要以年轻、时尚、有消费能力的用户群体为主，尤其受女性用户青睐，主要集中在一、二线城市。小红书采取图文结合的笔记形式，基于用户生成内容（UGC）模式，强调真实性和参考价值，内容丰富且广泛，涵盖美妆、穿搭、生活方式、旅游攻略、产品评测等领域，主要是通过搜索和推荐机制传播。

在小红书平台上的内容创作建议如下。

➢ 选题：围绕目标用户的兴趣和需求，如高转化率的产品介绍、穿搭技巧、美妆教程等，建立选题库，参考热门话题和用户评论。

➢ 风格：注重内容的实用性和美观性，图片质量要高，排版要清晰。采用亲切、贴近生活的语言风格，引起用户的共鸣。

➢ 互动方式：鼓励用户评论和分享，积极回应用户反馈，建立互动社区。利用小红书的抽奖、话题挑战等功能增加用户参与度。

2. 抖音的调性和特点及内容创作建议

抖音作为目前较受欢迎的短视频平台，用户群体覆盖各个年龄层次，年轻用户居多，有用户活跃度高、互动性强的特点和优势。

抖音在内容类型上以短视频为主，形式丰富多样，包括娱乐、舞蹈、美食、旅行、知识分享等各个领域。抖音基于大数据算法推荐，其推荐机制完善，内容传播速度快，曝光效果好。

在抖音平台上进行内容创作的建议如下。

➢ 选题：紧跟实时热点和流行趋势，创作有趣、有教育意义或引人入胜的短视频。可以结合热门话题和节日活动进行创作。

➢ 风格：注重视频的创意和表现力，利用滤镜、特效等提升视觉效果。语言风格可以幽默风趣，以吸引用户的注意力。

➢ 互动方式：引导用户点赞、评论和分享，增加视频的曝光度。可以设置话题挑战或邀请用户参与互动，提高用户黏性。

3. 微博的调性和特点及内容创作建议

微博作为一个广泛使用的社交媒体平台，用户群体多样，包括社会、时政、娱乐等多个领域。微博以短文本和图片为主，更侧重于时效性和热点话题，具有传播速度快、覆盖面广的特点，比较适合进行公关危机处理和舆情监测。

在微博上的内容创作建议如下。

- 选题：紧跟时事热点和社会事件，撰写有深度、有观点的文章或短评。可以结合行业趋势和用户需求进行创作。
- 风格：语言要精练、有力，能够迅速吸引用户的注意力。可以结合图片、视频等多种形式提升内容的吸引力。
- 互动方式：积极回应用户的评论和私信，与用户建立良好的互动关系。可以利用微博的话题、投票等功能增加用户参与度。

4. B站的调性和特点及内容创作建议

B站是弹幕视频网站的代表、ACG文化聚集地、年轻用户的首选平台，其用户黏性高，对内容要求专业和精细，受到一众网友的喜爱和追捧。除此之外，B站还积极鼓励用户创作和分享视频内容，形成了庞大的UP主（视频创作者）群体，使得B站成为UP主生态的典范。

内容类型上，B站以动画、游戏、二次元文化为主，同时涵盖学习、科技、教育、纪录片等多个领域。其独特的弹幕文化，使得用户可以在观看视频时实时发送弹幕评论，形成独特的互动体验。

B站上内容创作的建议如下。

- 选题：专注于垂直领域，创作有深度、有专业性的内容。可以结合热门动漫、游戏或二次元话题进行创作。
- 风格：注重内容的原创性和专业性，保持语言的准确性和趣味性。可以利用B站的弹幕文化，与观众进行实时互动。
- 互动方式：鼓励观众发送弹幕评论，及时回应用户的反馈。可以设立粉丝群或专栏，与粉丝进行更深入的交流。

对于所有平台的内容创作来说，其核心目标都是为了提高用户参与度、增加用户黏性、提升品牌影响力。深入了解平台特点和用户需求，创作高质量、有吸引力的内容，积极与用户互动，可以有效实现这些目标。同时，不断学习和优化内容创作策略，也是提升内容效果的关键。

下面分别以微博和B站发布内容为例进行展示。

用户提问：

请根据微博的特点，生成一个符合微博特点的文案。需要简洁明了，具有吸引力，能够引起微博用户的共鸣和兴趣。同时，请确保文案的内容与微博的主题和风格相符合。

文心大模型：

"生活小确幸✨：一杯咖啡☕，一本好书📖，午后阳光正好🌞。那些微小而确实的幸福，就像不经意间绽放的花朵🌸，温暖着我们的心房。你的幸福时刻是怎样的呢？#小确幸##生活碎片#"

这个文案简洁明了，具有吸引力，通过描绘一个具体的生活场景，很容易引起微博用户的共鸣和兴趣，同时也符合微博轻松、分享生活的主题和风格。

用户提问：

我是一名B站的电影解说UP主，现在要在B站上解说一部叫《小妇人》的电影，解说风格是文艺、感人的，请你为我生成一个解说文案，具体解说影片的故事脉络和背后的文化意义。

文心大模型：

当然，很高兴能帮助您为《小妇人》这部电影准备一段文艺且感人的解说文案。以下是根据影片故事脉络和背后文化意义精心撰写的解说文案：

【开场白】

在19世纪60年代的美国新英格兰，一场关于爱、梦想与成长的温馨叙事缓缓拉开序幕。这不仅是一部电影，更是一封写给所有时代女性的情书——《小妇人》。今天，让我们一同走进马奇家的四姐妹世界，感受那份跨越时空的温情与力量。

【故事脉络】

故事发生在南北战争期间，马奇先生远赴战场，留下妻子与四个性格迥异的女儿相依为命。大女儿梅格，美丽端庄，梦想着嫁入豪门，却最终选择了爱情与平凡；二女儿乔，才华横溢，立志成为作家，以笔为剑，书写独立女性的心声；三女儿贝斯，温柔善良，音乐是她灵魂的慰藉，却不幸早逝，成为全家永远的痛；小女儿艾米，热爱绘画，勇敢追求梦想，最终找到了属于自己的幸福。

……

她们追求独立、勇敢表达爱意、不懈努力实现梦想，展现了女性主义精神的萌芽。

影片通过细腻的情感描绘和丰富的角色塑造，传递了关于家庭、友情、爱情与自我实现的深刻思考。它告诉我们，无论时代如何变迁，女性都应当拥有追求幸福的权利和自由选择的勇气。正如乔所说："不要因为我的梦想和你们的不同，就认定它不重要。"这句话不仅是对个人梦想的坚持，更是对女性独立精神的颂歌。

【结尾】

当影片缓缓落下帷幕，我们仿佛与马奇家的四姐妹一同经历了那段既苦涩又甜蜜的成长旅程。她们的故事如同冬日里的一缕阳光，温暖而明亮，照亮了每一个追梦人的心灵。《小妇人》不仅是一部电影，更是一种精神的传承，它激励着我们勇敢前行，在人生的旅途中寻找属于自己的光芒。

希望这段解说文案能够为您的B站视频增添一份文艺与感人的色彩，让观众在享受电影的同时，也能深刻感受到《小妇人》所蕴含的文化意义与情感价值。

4.4　个人学习成长

文心一言是百度的人工智能语言模型，凭借其强大的自然语言处理能力和广泛的知识储备，在用户的学习成长中发挥着重要的作用。文心一言能帮助用户快速梳理知识点，提供个性化的学习方案，解答学习过程中遇到的问题，并覆盖多个领域的知识，全方位助力用户实现个人学习成长。

4.4.1　答疑解惑

文心一言能够理解和分析用户输入的自然语言问题，利用其庞大的知识库和先进的算法模型，快速生成相关答案和建议。无论是学术问题、生活常识、技术难题还是其他领域的疑问，文心一言都能尽力提供帮助。

例如，如果你不知道怎么提问，可以进入文心一言的百宝箱里查看相关的功能，如图4-9所示。它根据“场景”和“职业”划分了几十种甚至上百种不同的功能，用户可以尽情探索，用心感受文心一言的无穷魅力。

图 4-9

相较于其他的AI工具，文心一言在答疑解惑这一方面有其独特的优势，如下所示。

➢ 广泛的知识覆盖：文心一言内置了丰富的知识库，涵盖多个领域的信息，能够满足用户多样化的答疑解惑需求。

➢ 高效的信息检索：利用先进的自然语言处理技术和算法模型，文心一言能够快速检索知识库中的相关信息，生成准确的答案。

➢ 灵活的对话交互：支持对话式交流，用户可以通过连续的对话逐步澄清问题或获取更深入的信息。

➢ 个性化的服务体验：文心一言能够根据用户的使用习惯和喜好，不断优化其服务，提供更加贴心、个性化的答疑解惑体验。

文心一言的答疑解惑功能应用场景覆盖范围广，适用于各个领域，包括但不限于以下方面。

➢ 学术研究：为学者和研究人员提供文献检索、知识点解释等支持。

➢ 教育辅导：辅助学生学习、解答课程疑问。

➢ 工作支持：为职场人士提供专业技能指导、项目管理建议等。

还可以把文心一言当成搜索引擎来使用，有什么不懂的，可以直接在输入框中输入相关的问题，它解答的速度更快，准确性更高而且还没有广告干扰，如下所示。

用户提问：

世界上最大的动物是蓝鲸吗？

文心大模型：

世界上最大的动物是蓝鲸。蓝鲸（Balaenoptera musculus）是须鲸亚目下的一种海洋哺乳动物，也是鲸科中最大的物种。以下是关于蓝鲸的一些详细信息。

体型与质量：蓝鲸的体型非常庞大，身体长度可以达到30米以上，甚至有记录显示最长者可达33.58米。其质量也非常惊人，重达140吨至200吨，有记录的最重蓝鲸重达239吨。这使得蓝鲸成为自古至今所有动物中体型最大的。

生物特征：蓝鲸全身体表呈淡蓝色或鼠灰色，背部有淡色的细碎斑纹，胸部有白色的斑点。它们的身躯瘦长，心脏大到能够容纳一个人。虽然体型巨大，但蓝鲸的喉咙内部却很狭窄，几乎吞不下一个成年人。

生活习性：蓝鲸主要以浮游生物为食，特别是磷虾。它们通过张开大口，将大量海水和磷虾一同吸入，然后闭上嘴巴，将海水从鲸须板中排出，滤出磷虾作为食物。

生态地位：蓝鲸是海洋生态系统的重要一环，它们的存在对维持海洋生态平衡具有重要意义。

综上所述，蓝鲸凭借其庞大的体型和惊人的重量，无可争议地成为世界上最大的动物。这一结论得到了广泛认可，并有多项科学记录和研究支持。

用户提问：

现在你是一名[互联网]公司的面试官，你将面试[产品运营经理]岗位的候选人，请从[专业知识技能、通用能力、经验、个人特质]四个角度出发，准备一个面试问题列表。

文心大模型：

专业知识技能

产品运营策略制订：请描述一次你成功制订并执行产品运营策略的经历，包括策略的核心内容、实施步骤以及最终成果。

数据分析与应用：在你的过往工作中，你是如何利用数据分析来优化产品运营效果的？请举例说明。

用户增长与留存：请分享一个你主导的用户增长或留存项目，包括项目目标、实施策略及最终成效。

市场趋势洞察：你如何保持对市场趋势的敏感度，并将其转化为具体的产品运营策略？

竞品分析：请谈谈你最近一次进行竞品分析的过程，包括分析方法、关键发现及对产品运营的启示。

通用能力

团队协作与领导力：描述一次你在团队中展现出色领导力的情景，包括面临的挑战、采取的措施及团队反应。

……

创新与尝试：在你的职业生涯中，有没有尝试过创新的运营手段或方法？效果如何？

个人特质

自我驱动力：描述一个情境，展示你是如何在没有直接监督的情况下，自我驱动完成重要任务的。

抗压能力：在高压环境下，你是如何保持冷静并有效工作的？请分享一次相关经历。

积极态度与韧性：面对困难和挑战时，你的心态是怎样的？请举例说明你是如何保持乐观并找到解决方案的。

诚信与责任感：在你的工作中，你是如何体现诚信和责任感的？请提供一个具体实例。

持续进步的心态：你如何保持对个人成长和职业发展的持续追求？有没有设定过具体的目标或计划？

总之，文心一言的答疑解惑功能以其广泛的知识覆盖、高效的信息检索、灵活的对话交互和个性化的服务体验，为用户提供极大的便利和帮助。无论是在学术研究、教育辅导、工作支持还是日常生活中，文心一言都能成为用户的得力助手。

4.4.2 启发启示

伴随着答疑解惑功能所带来的另一个好处是“启发启示”。作为一款先进的语言模型，文心一言不仅具备丰富的知识储备和强大的语言处理能力，还擅长通过对话、问答等形式与用户进行互动，为用户提供有价值的观点和见解。

在与用户的交流中，文心一言能够根据用户的问题和需求，提供相关的知识、经验和建议，帮助用户拓宽视野、增长见识。同时，文心一言还能通过逻辑推理、创造性思维等方式，为用户带来新颖、独特的思考角度和解决问题的方法，从而激发用户的灵感和创造力。

用户提问：

请你从一个崭新的视角解读“吃不到葡萄说葡萄酸”这句话。

文心大模型：

“吃不到葡萄说葡萄酸”这句话，传统上用来形容一种心态：当人们无法得到自己想要的东西时，往往会贬低那样东西的价值，以此来掩饰自己的失落或无奈。然而，从一个崭新的视角来看，这句话也可以被解读为一种积极的心态调整策略，或者是创新思维的启示。

解读结果如下：

积极的心态调整：当面对无法改变的现实（如吃不到葡萄）时，转变对事物的看法（说葡萄酸）可以是一种自我安慰的方式，帮助个体减少挫败感，保持心理平衡。这种心态调整鼓励人们在逆境中寻找积极的一面，通过重新评价情况来减轻负面情绪，从而更有动力去寻找替代方案或继续前行。

创新思维的启示：“说葡萄酸”也可以被看作是一种创造性思维的表现。它表明，在面对障碍时，个体能够跳出传统的思维框架，从不同的角度去审视问题。这种思维方式鼓励人们在遇到挑战时，不是简单地放弃或抱怨，而是尝试从不同的视角去寻找新的可能性或解决方案。

在商业、科学或其他领域，这种“逆向思维”或“变通思维”往往是创新的重要源泉。

综上所述，从崭新的视角来看，“吃不到葡萄说葡萄酸”不仅仅是一种消极的心理防御机制，它也可以被解读为一种积极的心态调整策略和创新思维的体现。这种解读鼓励我们在面对困难和挑战时，以更加灵活和创造性的方式去思考和行动。

用户提问：

请创作一个以蘑菇、兔子、森林、狐狸等故事主角的睡前故事，适合儿童阅读。故事应包含有趣的情节、生动的对话和教育意义，以帮助孩子们安心入睡。同时，请确保故事的语言简单易懂，适合儿童理解。

文心大模型：

> **蘑菇屋的奇妙夜**
>
> 在一个遥远又神秘的森林里，住着一群快乐的小动物。其中，有一只聪明伶俐的小兔子，名叫米菲。米菲在森林深处发现了一个神奇的地方，那里长满了五彩斑斓的蘑菇，她决定用这些蘑菇建造一座属于自己的小屋。
>
> 一天，米菲忙碌地在森林里采集蘑菇，她一边哼着歌，一边把蘑菇分类摆放。“红色的做屋顶，蓝色的做墙壁，白色的做门窗……”米菲自言自语地说着。
>
> 突然，一只狡猾的小狐狸，名叫菲菲，从树丛中窜了出来。“嘿，米菲，你在干什么呀？这些蘑菇看起来真好玩！”菲菲眼睛一转，心想：我可以把这些蘑菇抢走，自己也建一座漂亮的房子！
>
> “我在建蘑菇屋呢，菲菲，你要不要来帮忙？”米菲热情地邀请道。
>
> “帮忙？哼，我可是森林里的智者，怎么会去帮你做这种小事呢？”菲菲不屑地说，心里却盘算着怎么偷走蘑菇。
>
> ……
>
> 从此以后，菲菲不再是那个狡猾的小狐狸了，她变得勤劳又善良，和米菲一起成为了森林里最受欢迎的小伙伴。而那座神奇的蘑菇屋，也成了森林里所有小动物们的温暖家园。
>
> 故事讲完了，小朋友们，你们也要像米菲和菲菲一样，学会用自己的双手去创造美好的事物，还要懂得和朋友分享快乐哦！现在，闭上眼睛，让甜美的梦境陪伴你们进入梦乡吧！

4.4.3 修改复盘

文心一言具有修改复盘的功能，但这一功能的实现方式可能不完全等同于传统意义上的“修改复盘”软件或工具。在修改复盘的场景中，文心一言可以通过以下几个方面来发挥作用。

- 文本理解与生成：用户可以将需要复盘的内容输入给文心一言，文心一言会理解文本内容，并根据用户的指令生成修改建议或复盘报告。这种生成是基于文心一言对大量文本数据的学习和理解，因此能够提供一些有价值的见解和修改方向。
- 知识增强：文心一言在生成文本时，会结合其内置的知识库，提供相关的专业知识和背景信息。这使得在复盘过程中，文心一言能够引用相关的行业知识、市场趋势等，为复盘提供更加全面和深入的视角。
- 对话互动：用户可以与文心一言进行对话，逐步明确复盘的需求和重点。文心一言会根据用户的反馈，不断调整生成的文本内容，以满足用户的特定需求。

然而，需要注意的是，文心一言并不是一个专门的复盘工具或软件。文心一言在修改复盘方面的能力，更多的是依赖其强大的语言理解、生成能力及内置的知识库。因此，在使用文心一言进行修改复盘时，用户可能需要结合自己的专业知识和经验，对文心一言生成的文本进行适当的调整和补充。

此外，随着人工智能技术的不断发展，文心一言的功能也在不断扩展和优化。未来，文心一言在修改复盘方面的能力可能会更加强大和完善，为用户提供更加便捷和高效的复盘体验。

用户提问：

将下面这段文字改成一篇小说的开头，增加情感和环境渲染，使得故事看起来更有吸引力。

“在一个风和日丽的下午，林浩，一名普通的高中生，在学校的旧图书馆里偶然发现了一本尘封的日记。这本日记的封面已经泛黄，页边也泛起了毛糙，但上面的字迹却依然清晰可辨。日记的第一页，记录着一个名为‘星辉探索者’的神秘组织的存在，以及一段关于‘传承之力’的模糊描述。”

文心大模型：

在一个风和日丽的下午，阳光透过稀疏的云层，洒在了那座被岁月遗忘的旧图书馆上。林浩，一名普通的高中生，因一次偶然的机会，踏入了这个充满历史尘埃的地方。他的目光在书架间游走，最终落在了一本尘封的日记上。这本日记的封面已经泛黄，页边也泛起了毛糙，仿佛诉说着过往的沧桑，但上面的字迹却依然清晰可辨，如同时间的印记，记录着一段不为人知的故事。

日记的第一页，如同一扇通往未知世界的大门，记录着一个名为“星辉探索者”的神秘组织的存在，以及一段关于“传承之力”的模糊描述。这些文字如同魔法一般，瞬间点燃了林浩心中的好奇之火。他仿佛能感受到，这本日记背后隐藏着某种非凡的使命，等待着有缘人去揭开它的神秘面纱。

用户提问：

修改后的内容,你认为有哪些优点和缺点呢?

文心大模型：

修改后的内容优点与缺点分析

优点：

丰富的细节描绘：修改后的内容对旧图书馆的环境、日记的外观以及林浩的情感都进行了细致的描绘，使得场景更加生动、立体，增强了故事的吸引力。

增强的情感渲染：通过更加细腻的情感描写，如“仿佛诉说着过往的沧桑”，使得读者能够更深入地感受到故事中的情感氛围，增强了代入感。

提升的阅读体验：整体而言，修改后的内容在文学性上有了显著提升，为读者提供了更加丰富、深入的阅读体验。

缺点：

可能存在的冗长烦琐：虽然丰富的细节描绘增强了故事的吸引力，但也可能导致部分读者觉得内容过于冗长或烦琐，影响阅读节奏。

节奏把控的挑战：在增强文学性的同时，也需要更加注意故事的节奏把控。修改后的内容可能在某些部分节奏偏慢，需要进一步优化以保持阅读的流畅性。

综上所述，修改后的内容在细节描绘、情感渲染和阅读体验等方面都有显著优点，但也需要注意避免冗长烦琐和把控好故事节奏。

综上所述，使用文心一言进行复盘，具有高效整理与分析大量信息、引导用户深入反思与洞察、提供个性化定制与优化、提升复盘效率与质量等显著优势，同时，还能以此增强用户对关键信息的记忆与理解。

4.5　个人生活助手

文心一言除了能够帮助个人学习成长，在生活中也发挥着不可忽视的巨大作用，它可以帮助用户轻松获取各类生活小技巧，以及出游计划和攻略等。下面将从辅助购物、旅游计划与攻略、美食推荐与评价和生活技巧与常识4个方面来介绍如何使用文心一言。

4.5.1　辅助购物

随着生活水平的提高，“健康·环保”的理念逐步深入人心，人们越来越追求高品质、健康且性价比高的生活。但是，超市、网络购物平台的商品琳琅满目，对于大部分人尤其是那些有选择困难症的用户来说这实在是一个大难题，而文心一言的出现正好可以帮助他们在购物时做出更妥当的选择。

例如，当用户想要购买一款新的智能手机时，他们可以向文心一言询问关于不同品牌和型号手机的比较。文心一言能够迅速整理出各种手机的性能、价格、用户评价等信息，帮助用户全面了解市场情况，从而做出更加适合自己的购买决策。此外，文心一言还可以根据用户的预算和需求，为他们推荐最合适的购物选项。

以下是一个具体案例。

李女士计划为家人购买一台适合三口之家的节能型冰箱，预算在5000元左右。但她对市场上各种品牌和型号感到困惑，面对这一问题时，文心一言可以给出相关的合理建议。

用户提问：

请根据李女士的需求为她选择一款高性价比的冰箱。需求如下：

“一台适合三口之家的节能型冰箱，预算在5000元左右。”

请确保选择的冰箱符合李女士的需求，并考虑其预算和品牌多样性。同时，请提供关于冰箱的性能、功能、可靠性等方面的详细信息，以便李女士做出明智的购买决策。

文心大模型：

根据李女士的需求，我为她推荐以下这款高性价比的冰箱：

品牌与型号：海尔BCD-218WDGU1

性能与功能：

节能性：这款冰箱符合国家一级能效标准，能够有效降低能耗，长期使用下来能够节省不少电费，非常符合李女士对节能型冰箱的需求。

容量：拥有218升的存储容量，对于三口之家来说完全够用，可以轻松存放各类食材，满足日常生活的需求。

制冷技术：采用风冷无霜技术，制冷均匀且快速，无需手动除霜，省时省力。同时，它还配备了DEO净味功能，能够有效吸附并分解冰箱内的异味，保持冰箱内部空气清新。

……

海尔作为国内知名的家电品牌，其产品在市场上享有很高的声誉。这款冰箱在质量上经过了严格的把控和测试，具有出色的可靠性和耐用性。此外，海尔还提供了完善的售后服务体系，如果在使用过程中遇到任何问题，都可以及时得到专业的维修和服务支持。

价格：

目前这款冰箱的市场价格在5000元左右，完全符合李女士的预算要求。

综上所述，海尔BCD-218WDGU1这款冰箱在性能、功能、可靠性以及价格等方面都非常符合李女士的需求。它不仅能够满足三口之家的日常使用需求，还具备出色的节能性和智能化的操作体验。因此，我推荐李女士考虑购买这款冰箱。

文心一言能迅速分析李女士的需求，并推荐了一款符合条件的冰箱，包括品牌、型号、能效等级、性能和功能等信息，李女士根据推荐轻而易举地就可以挑选出自己满意的产品。

4.5.2 旅游计划与攻略

在旅游计划和攻略方面，文心一言同样能发挥巨大作用。当用户准备计划一次旅行时，他们可以向文心一言询问关于目的地的天气、景点、交通、住宿等方面的信息。文心一言能够迅速整合各种资源，为用户提供一份详尽的旅游攻略。

例如，当用户计划前往日本旅游时，文心一言可以为他们提供关于不同城市的景点介绍、最佳旅行时间、当地美食推荐及住宿选择等实用信息，让用户的旅行更加顺利和愉快。

用户提问：

请为小李制订一份详细的旅游攻略和计划安排，她计划与男朋友去日本旅游5天。

请确保计划包括交通、路线、天气、美食等关键信息，并考虑小李的偏好和需求。同时，请确保计划具有可行性和合理性，考虑到旅行时间和预算等因素。

请提供详细的步骤和说明，以便小李能够顺利、愉快地完成这次旅行。

注意：请确保计划中的信息准确无误，并考虑到旅行过程中的突发情况和注意事项。

文心大模型：

小李与男友日本5日游攻略

一、行程概览

小李与男友的日本5日游将覆盖东京和京都两大城市，体验日本的现代都市风情与古老文化韵味。行程安排紧凑而充实，同时兼顾了美食、购物与自然景观。

二、行前准备

签证与证件：

确保两人已办理好日本签证，携带护照、身份证及机票预订信息。

下载并打印电子过境单。

……

三、行程安排

Day 1：抵达东京 -浅草寺 -上野公园 -涩谷

上午：抵达东京成田或羽田机场，乘坐机场快线（如Narita Express）或地铁前往酒店办理入住。

中午：在酒店附近简单用餐，体验日式定食或拉面。

下午：前往浅草寺，参观雷门、仲见世街购物。

傍晚：前往上野公园，参观上野动物园（如感兴趣）或东京国立博物馆。

晚上：涩谷Sky观景台欣赏东京夜景，之后可在涩谷或原宿逛街购物。

……

四、天气与穿着

8月天气：东京和京都均为夏季，气温较高，白天可达30℃以上，建议穿着轻便透气的衣物，并随身携带防晒霜、雨伞。

早晚温差：晚上可能会稍凉，建议携带薄外套。

五、美食推荐

东京：寿司、拉面、天妇罗、章鱼烧、居酒屋。

京都：京都料理（如怀石料理）、抹茶甜点、和果子。

奈良：奈良渍（当地腌菜）、鹿仙贝（鹿形状的饼干）。

六、注意事项

交通：日本公共交通发达，建议使用地铁、JR等公共交通工具，提前购买好车票或通票。

安全：保管好个人财物，遵守当地法律法规。

语言：虽然英语普及度较高，但部分小店可能只懂日语，建议利用翻译软件。

紧急情况：记住当地紧急联系电话（警察110、救护/火警119）。

希望这份攻略能帮助小李与男友顺利完成一次愉快而难忘的日本之旅！

4.5.3 美食推荐与评价

文心一言还可以成为用户在美食探索中的得力助手，当用户想要尝试新的餐厅或菜品时，他们可以向文心一言寻求推荐。文心一言能够根据用户的口味偏好、地理位置等信息，为他们推荐附近的好评餐厅或特色菜品。同时，文心一言还可以提供关于餐厅的环境、服务、价格等方面的评价信息，帮助用户全面了解餐厅的情况，做出更加满意的选择。

用户提问：

请为小贝推荐一份美食清单，他来自东北，今年考上了湖南的一所学校。他想要尝一下湖南长沙的当地美食，并希望我们能为他提供相关的美食评价、地址和价格等信息。

推荐的美食清单需要包含湖南长沙的特色美食，并给出每道菜的详细描述和评价。同时，请提供每道菜的地址和价格信息，以便小贝能够做出选择。

确保推荐的美食清单符合小贝的口味和偏好，同时考虑到他的饮食习惯和预算限制。

最后，请给出一些建议，帮助小贝更好地了解如何找到并品尝这些美食，同时提醒他注意食品安全和卫生。

文心大模型：

为小贝推荐一份湖南长沙的特色美食清单，结合他的东北口味和预算限制，以下是一些精选的美食及其详细描述、评价、推荐地址和大致价格范围。

1. 长沙臭豆腐

描述与评价：长沙臭豆腐以其独特的气味和鲜美的口感著称，外皮酥脆，内部鲜嫩多汁，配上特制的辣椒酱和蒜末，香辣可口，是长沙不可错过的经典小吃。虽然名字中有“臭”，但实则是香辣美味的代表。

推荐地址：坡子街、黄兴南路步行街附近有多家知名臭豆腐店，如黑色经典、罗家臭豆腐等。

价格范围：一般5～15元/份，具体价格根据店铺和分量有所不同。

2. 口味虾（麻辣小龙虾）

描述与评价：口味虾是长沙的特色美食之一，选用新鲜虾子，搭配特制辣椒酱和各种香料烹饪而成，色泽红亮，口感香辣鲜浓，是夏夜消暑、朋友聚会的好选择。

推荐地址：聚味瞿记、天宝兄弟等是长沙知名的口味虾餐厅，位于五一广场、坡子街周边。

价格范围：100～200元/份，具体价格根据餐厅和虾的分量而定。

……

5. 酱板鸭

描述与评价：湖南酱板鸭经过多道工序精心制作，色泽深红，外皮酥脆，肉质鲜嫩，酱香浓郁，是送礼或自享的佳品。

推荐购买地：长沙各大超市、特产店均有售卖，如金味源酱板鸭等知名品牌。

价格范围：30～80元/只，根据包装和规格不同价格有所差异。

建议与注意事项：

寻找美食：可以利用地图应用或美食点评网站（如大众点评）搜索附近的美食店铺，查看用户评价和推荐菜品。

尝试多样：长沙美食种类繁多，不妨多尝试几种不同类型的小吃和菜肴，感受湖南菜的独特魅力。

注意食品安全：选择干净卫生的餐馆就餐，尽量避免街边无证摊贩的食物，确保饮食安全。

考虑预算：根据自己的预算选择合适的餐厅和菜品，避免浪费。

希望这份美食清单能帮助小贝在长沙开启一段美味之旅！

4.5.4 生活技巧与常识

在日常生活中，文心一言也能为用户提供各种实用的生活技巧和常识。例如，当用户遇到家居清洁、烹饪技巧、健康养生等方面的问题时，他们都可以向文心一言寻求帮助。文心一言能够迅速提供相关的解决方案和建议，帮助用户解决问题、提高生活质量。

例如，当用户想要了解如何去除衣服上的顽固污渍时，文心一言可以为他们提供多种有效的清洁方法和技巧。

用户提问：

如何去除衣服上的顽固污渍，请为我提供3～5种有效的清洁方法和技巧。

文心大模型：

去除衣服上的顽固污渍，可以采用多种有效的清洁方法和技巧。以下是几种常见且实用的方法。

1. 使用专用清洁剂或溶剂

针对油渍：

方法：油渍可以使用松香水、香蕉水、白醋等溶剂擦拭。在衣服干的时候，将适量溶剂涂抹在污渍处，轻轻搓揉使油渍溶解，然后用清水冲洗干净。

注意：使用这些溶剂时要保持通风，避免吸入有害气体，并确保溶剂不会损坏衣物材质。

针对油漆渍：

方法：对于油漆渍，可以尝试使用清凉油或香水轻轻揉搓污渍处，因为清凉油和香水中的某些成分能够溶解油漆。若油漆渍较为顽固，可使用专业的油漆去除剂。

2. 利用天然去污剂

针对血渍：

方法：新鲜血渍应立即用冷水或淡盐水清洗，禁用热水（因血内含蛋白质，遇热会凝固，不易溶化）。顽固血渍可以用柠檬汁加盐搓洗，或用10%的氨水或3%的双氧水擦拭，再用冷水强洗。

……

4. 特殊污渍处理技巧

口红印：

方法：口红印可以使用肥皂水或酒精涂抹后轻轻搓揉，再用清水冲洗。如果没有酒精，也可以用气泡式矿泉水或调酒用的苏打水倒在干净的布上轻拍印痕处。

笔印：

方法：对于衣物上的笔印，可以先用浓度不小于75%的医用酒精均匀洒在笔印上（注意不要让酒精接触到衣物其他部分以免染色），然后用洗衣粉和清水浸泡清洗。或者将牛奶倒在笔迹污渍处沾水搓洗。

注意事项

在处理顽固污渍时，建议先在不显眼的小片区域进行试验，确保不会对衣物造成损害后再进行大面积处理。

避免使用过热的水清洗衣物上的污渍，以防污渍凝固或扩散。

针对不同材质和颜色的衣物，应选择适合的清洁方法和清洁剂，避免损坏衣物或造成褪色。

清洗后应及时晾干衣物，避免长时间潮湿导致细菌滋生或产生异味。

综上所述，文心一言在辅助购物、旅游计划和攻略、美食推荐与评价、生活技巧与常识等方面都能为用户提供强大的支持和帮助，让人们的生活更加便捷和美好。

第 5 章　豆包：灵活多样的 AI 助手

豆包是字节跳动公司基于云雀模型开发的一款AI工具，其功能丰富、操作便捷，在学习、生活和工作中都能发挥重要作用。豆包AI工具以强大的功能和广泛的应用场景，为用户带来了便捷、高效的使用体验。本章将结合豆包的实际使用情况一一介绍其主要功能及在生活、学习和工作中的具体应用。

5.1 豆包基础介绍

豆包最初是作为抖音内部的一个AI工具包出现的，后来随着用户需求的增长和功能的不断丰富，于2023年正式独立推出，成为一个综合性的AI平台。豆包提供聊天机器人、写作助手、英语学习助手等功能，可以回答各种问题并进行对话，帮助人们获取信息。

5.1.1 认识豆包

作为字节跳动公司基于云雀模型开发的一款全能AI工具，豆包旨在为用户提供便捷、高效的问题解决方案。豆包在技术研发、信息安全等方面具备高度可靠性，用户可以放心使用，无须担心数据泄露等安全问题。

豆包支持网页 Web 平台、iOS 及安卓平台，用户可以根据自己的需求创建个性化的AI智能体，如虚拟男友/女友等，使豆包更加贴近用户的个性化需求。

5.1.2 豆包的主要功能

豆包AI工具是一款集成了先进人工智能技术的多功能应用，具备强大的自然语言处理能力，拥有高效的数据分析和挖掘能力，提供自动化任务执行和智能推荐功能。

1. 智能聊天与对话

豆包可以回答用户提出的各种问题，进行流畅的对话交流，帮助用户获取信息、答疑解惑。无论是日常生活、工作学习中的常见问题，还是复杂的专业问题，豆包都能给出相应的回答和建议。与此同时，豆包还支持语音输入和语音回复，使得交流更加便捷高效。

2. 写作助手

用户只需要输入关键词和主题，豆包就能快速生成高质量的文章、文案等内容。同时，豆包还具备文章结构优化、语法纠正、词汇建议等功能，支持多种文本类型的生成，如新闻稿、报告、故事等，能够满足不同场景下的写作需求，帮助用户提升写作效率和质量。

3. 英语学习助手

豆包提供了丰富的英语学习资源，包括词汇分析、语法解析、发音指导等。用户可以与豆包进行英语对话练习，提升自己的口语表达能力。利用豆包所具备的AI语音克隆功能，用户还可以录制自己的声音样本，进行个性化的语音学习。

4. 翻译与润色

豆包支持多种语言的翻译，并能够对翻译内容进行润色，使其更加流畅、自然、准确。这对于需要频繁进行跨国交流的用户来说非常实用，提供了极大的便利。

5. 创意激发与灵感来源

豆包拥有丰富的创意库，可以根据用户需求提供灵感来源，辅助用户进行创作。无论是写作、设计还是其他创意领域，豆包都能提供有力的支持。

6. 快捷工具

为了优化用户体验，豆包还推出了AI划词工具栏、AI启动器等快捷工具。这些工具无须打开客户端即可使用，极大地方便了用户的日常操作。

在实际应用中，豆包凭借丰富的功能和强大的性能赢得了用户的广泛好评。总的来说，豆包不仅提升了用户的工作效率和生活品质，而且为用户提供了便捷高效的问题解决方案和创作支持。除此之外，豆包还能够帮助企业实现自动化办公、智能化管理等目标，进一步提升企业的竞争力和市场地位。

5.1.3　豆包安装与注册

学习了豆包的相关功能之后，要想实际上手进行操作和运用，还需要了解相关的步骤。以下是一份关于豆包的使用指南，方便用户快速学会使用豆包这一新的AI工具。

豆包大语言模型提供了网页版和手机版两种方式，用户可以根据自己的使用习惯任选一种方式进行注册和登录。这里以网页版进行操作示范，手机版的不作演示。

（1）使用计算机自带的浏览器，在搜索框中输入“豆包大语言模型”。

（2）选择官网，单击直接跳转到豆包主页，在豆包的主页左下侧位置，会看到“登录”按钮，单击该按钮会弹出一个登录的对话框，如图5-1所示。用户可以通过输入手机号+验证码的方式登录，也可以选择“抖音一键登录”或者“Apple登录”进行登录。

（3）登录完成后，页面自动跳转到一个新的页面，用户可以根据自己的需求进行个

图 5-1

性化设置，如图5-2所示。这个页面的左侧罗列了豆包的各种功能，如“AI搜索”“帮我写作”“图像生成”和“阅读总结”等，这些功能和页面最中间的文本框是一一对应的关系，十分方便快捷，便于用户查找。

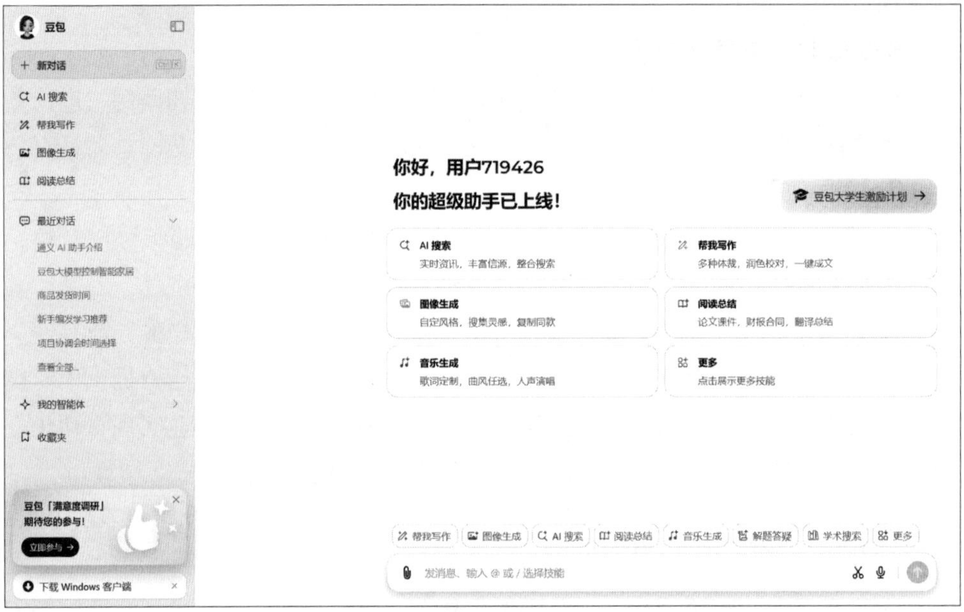

图 5-2

5.1.4 豆包基础界面

豆包的基础界面可以分为回答展示区、输入框、历史记录、我的智能体4个部分。

➢ 回答展示区：呈现豆包对各种问题的回答内容。这里会以清晰、有条理的方式为用户提供准确的信息和解决方案。无论是知识类问题、创意需求还是寻求建议，都能在这里看到豆包的详细回复。

➢ 输入框：这是用户与豆包交流的入口。在豆包的聊天界面，可以在输入框中输入问题、描述需求或发起话题讨论，豆包支持“截图提问”及“文件上传”。通过单击输入框的上方“帮我写作”“解题答疑”等按钮，可以快速使用相关的功能，如图5-3所示。在这期间，可以随时打断豆包，重新向豆包提问。

图 5-3

- 历史记录：记录用户与豆包交流过的问题和回答。方便用户随时回顾之前的对话内容，查找重要信息。如果想再次查看某个问题的答案或者继续之前的讨论，历史记录可以帮助用户快速找到相关内容。
- 我的智能体：单击“发现智能体”选项，用户可以进入角色选择界面，选中想要使用的角色后，即可开始与该角色进行对话。例如，选择英语外教Owen，可以直接与它进行英文对话，如图5-4所示。可以在该区域发现更多有趣的话题，进一步满足用户的求知欲和探索欲。

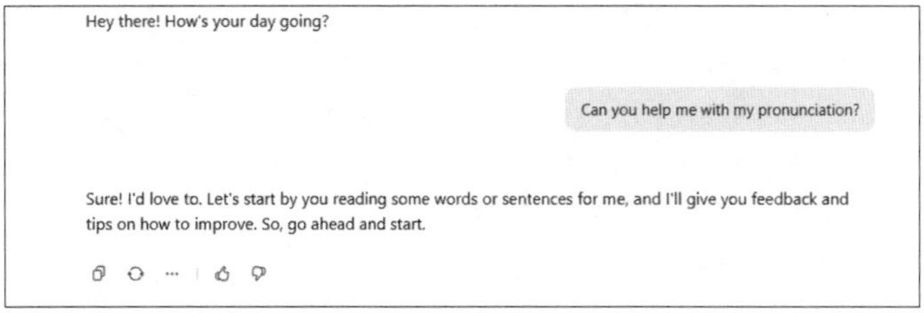

图 5-4

5.2 在生活中的应用

豆包大模型在生活中的应用非常广泛，给人们的日常生活带来了极大的便利。例如，豆包大模型支持语音输入，用户可以直接通过语音来操控智能家居，实时查询天气或热点新闻，随时随地播放音乐或视频，与豆包进行游戏互动和娱乐问答等，下面将结合实际使用情况进行详细介绍。

5.2.1 实时天气与新闻查询

豆包大模型作为一款强大的人工智能，为用户提供了便捷的实时天气查询服务。用户可以通过自然语言与豆包大模型进行交互，清晰准确地表达自己对于特定地区实时天气的需求。

例如，“北京今天的实时天气如何？”或者“上海此刻的天气状况怎样？”，豆包大模型会迅速理解用户的意图，并从其丰富的天气数据资源中提取出准确的信息反馈给用户，包括温度、湿度、风力、天气状况（如晴、雨、多云等）等详细的天气信息。

除此之外，用户也可以直接询问“豆包，查询今天的天气情况”，在没有输入具体城市的情况下，它会根据 IP 等信息自动生成所在城市的天气，如图5-5所示。

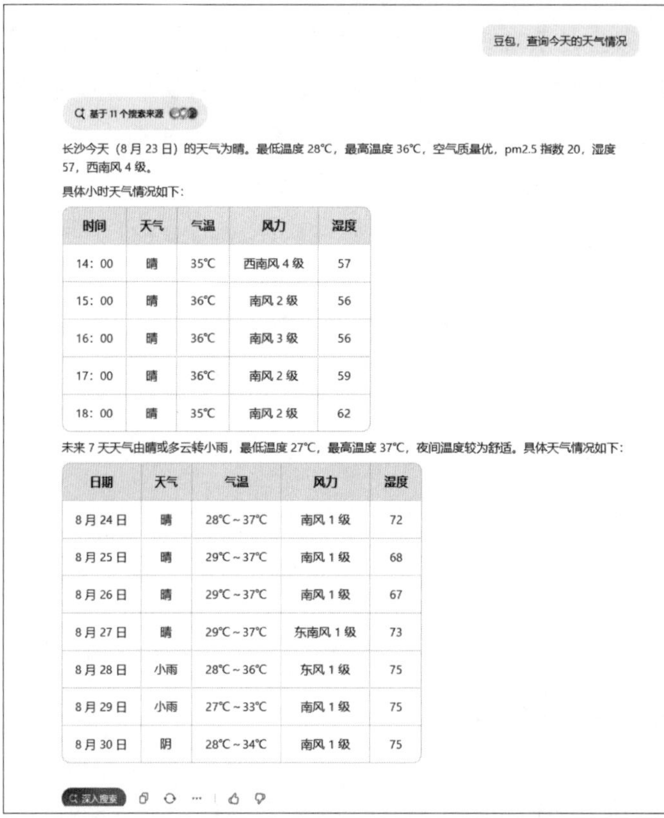

图 5-5

以下是一些关于查询天气的指令示例，读者可以进行参考。

- “查询[城市名称]今天的天气”，如“查询北京今天的天气”。
- “[城市名称]明天天气如何”，如“上海明天天气如何”。
- “未来几天[城市名称]的天气”，像“未来三天广州的天气”。
- “查询[城市名称]的实时气温”，如“查询深圳的实时气温”。
- “[城市名称]现在的天气状况”，如“成都现在的天气状况”。

此外，豆包大模型在新闻查询方面也具有显著的特点。它与头条内容直连，就像用户随身携带的新闻站，诸如热点、财经、娱乐等各类新闻，只要用户关心，张口即来，而且能够保证新闻的时效性，让用户随时掌握最新资讯。

用户通过简单的描述，如“给我查询最近的科技新闻”，豆包大模型就能迅速筛选出相关的最新报道。另外，豆包大模型还具有精准的搜索和筛选能力，能够根据用户提供的关键词、时间范围等条件，精确地找到符合需求的新闻内容。

豆包大模型在新闻更新方面保持着较高的频率。它能够实时获取来自多个权威渠道的新闻资讯，并以最快的速度进行整合和分析。无论是突发的重大新闻事件，还是日常的各类新闻动态，豆包大模型都能及时将最新的信息呈现给用户。这意味着用户在向豆包大模型查询新闻时，能够获取几乎与新闻发布时间同步的最新内容。

以下是一些关于查询新闻的指令示例。

- “今天的头条新闻”。
- “查询[新闻类型]新闻”，如“查询体育新闻”“查询娱乐新闻”“查询科技新闻”等。
- “有没有关于[关键词]的新闻”，例如“有没有关于人工智能的新闻”“有没有关于某明星的新闻”。
- “最近的[事件名称]相关新闻”，如“最近的世界杯相关新闻”。
- “[媒体名称]的最新新闻”，如“人民日报的最新新闻”。
- “搜索热门新闻”。
- “给我看看国际新闻”。
- “查询本地新闻”（如果智能助手能获取到你的位置信息）。

综上所述，豆包大模型在实时天气和新闻查询方面展现出了强大的功能和优势，为用户提供了准确、及时和便捷的服务。

5.2.2 日程安排与提醒

豆包大模型可以协助进行日程安排与提醒，这一功能具有多方面的重要作用。

1. 提高时间管理效率

对个人来说，豆包大模型可以帮助规划日常活动，如设置学习、社交等日程，让生活更有序。同时避免遗忘工作任务、约会及作业提交等重要事项，确保任务按时完成。

对于企业和团队来说，成员可共享日程安排，协调工作，明确任务时间节点，提高团队协作效率。提前设置会议日程及提醒，能让参会人员做好准备，提升会议效率。

2. 增强生活有序性和可预测性

科学高效地管理好时间，有序地安排好自己的日程可以减少不必要的焦虑感。例如，你3天后预约医生就诊，提前设置好日程规划并让豆包提醒你，你就能安心进行其他活动。提前安排各项活动，增强生活的有序性和可预测性，是一种适应快节奏生活不可缺少的能力，能帮助你在大量信息和任务中保持清晰头脑，应对挑战。

3. 辅助决策和规划未来

回顾过去的日程安排可以总结经验教训，为未来决策提供参考。例如，分析工作效率，找出适合创造性工作的时间段，将长期目标分解为具体日程，降低目标难度；学习新语言，设置每周学习日程；面对突发情况或计划变更，还可以及时调整日程并设置提醒，以快速适应变化。

总之，日程安排与提醒功能在个人生活、企业团队协作及未来规划中都发挥着重要作用，可以帮助用户更好地管理时间、有序生活和实现目标。

以下是一般的操作步骤。

（1）明确日程信息：清晰地向豆包大模型描述日程的具体内容，需要包含时间、事项等关键要素，如“明天下午3点有个部门会议”“8月25日上午10点要去看牙医”“每周一、三、五晚上7点去健身房锻炼”等。

（2）请求设置提醒：在告知日程内容后，明确要求豆包大模型设置提醒，如“请为我设置明天下午3点部门会议的提醒”“帮我设置8月25日上午10点看牙医的提醒”。

（3）选择提醒方式（若有相关选项）：有些应用或平台可能支持多种提醒方式，如手机通知、邮件提醒、语音提醒等（具体依应用而定），可以根据自己的需求指定提醒方式，如“以手机通知的方式提醒我”。

（4）确认日程安排与提醒设置：豆包大模型会根据用户的要求进行日程安排并设置提醒，可以进一步询问确认，如“我刚才说的日程安排好了吗”“提醒设置成功了吗”，豆包大模型会给予相应的答复和确认信息。

5.2.3 音乐、视频推荐与播放

豆包大模型在娱乐领域也有着出色的表现，它具有音乐、视频推荐与播放的相关功能，能为用户带来全新的视听体验。无论是沉浸在优美的音乐旋律中，还是畅游于精彩的视频世界，豆包大模型都能满足用户的多样化需求。

1. 音乐推荐与播放

豆包大模型能够根据用户的风格和喜好推荐音乐。例如，如果用户特别喜欢某位歌手或者想听某类风格的音乐，可以跟豆包说“我喜欢周杰伦的歌”或者“给我推荐一些古典音乐”，它会根据用户的需求推荐周杰伦的热门歌曲如《青花瓷》《简单爱》等，或者推荐贝多芬的《命运交响曲》、莫扎特的《小夜曲》等经典作品。

除此之外，豆包大模型还会结合场景氛围进行推荐。如果用户需要轻快的音乐来放松心情，它可能会给用户推荐班得瑞的《安妮的仙境》等舒缓的音乐；而当用户需要运动时，询问“推荐适合运动的音乐”，它可能给出节奏感强的如皇后乐队的*We Will Rock You*等歌曲。

豆包大模型与音乐播放平台进行合作或交互，能够为用户提供音乐的相关信息和来源，用户可以单击信息源直接播放音乐，如图5-6所示。

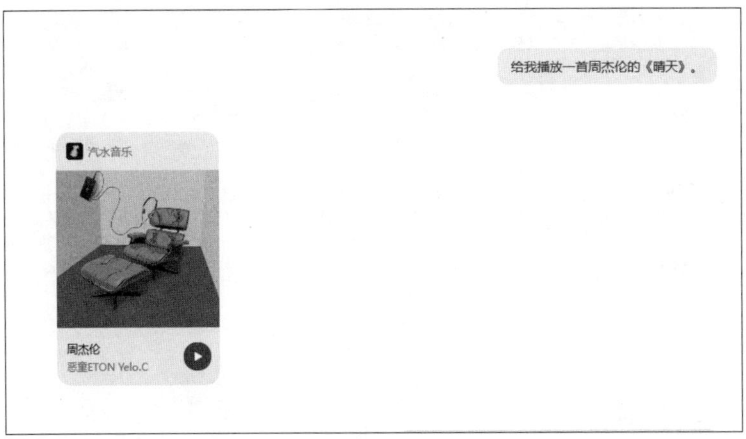

图 5-6

2. 视频推荐与播放

如果想播放某视频或者查找某类视频来源，豆包大模型是一个不错的选择。它可以根据类型、主题和热点进行推荐。

例如，如果用户想看喜剧电影，它可能会推荐《夏洛特烦恼》《唐人街探案》等电影；如果用户对纪录片感兴趣，它也许会提及《地球脉动》《蓝色星球》等优秀纪录片。另外，当有热门影视剧或事件时，用户说“推荐最近热门的视频”，豆包会根据当下的热点，推荐相关的视频内容，如热门电视剧的片段、相关的新闻或报道视频等，如图5-7所示。

图 5-7

3. 音乐生成功能

更有趣的是，豆包还提供了“音乐生成”功能，用户只需输入主题或者自己写的歌词，然后设定音乐风格、情绪及音色等相关参数，就能快速生成一首时长约1分钟的词曲。风格丰富多样，包括民谣、嘻哈、爵士、雷鬼等11种风格，能满足不同用户对于音乐类型的偏好。

例如，输入“一个人在傍晚骑车，看到远处的橙色夕阳”的描述，设定“民谣”风格和“浪漫”情绪，豆包就会自动撰写和生成一段相关的音乐和歌词，并根据歌词自动生成歌曲封面。

用户提问：

我想创作一首歌曲，用AI帮我写歌词。这首歌是民谣音乐风格，传达忧郁的情绪，使用男声音色。

豆包：

以下是豆包生成的音乐，如图5-8所示。

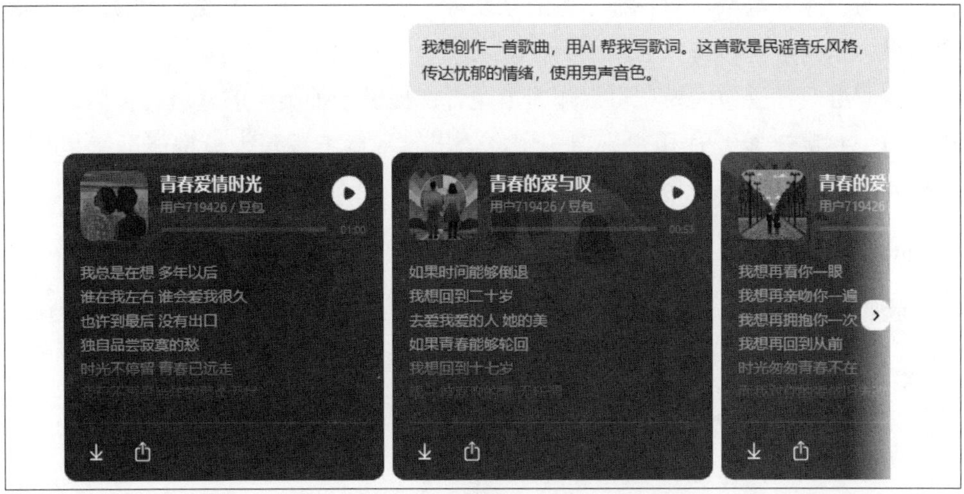

图 5-8

豆包的音乐生成功能是一项利用人工智能技术实现的创新功能，其生成的歌曲支持一键分享至抖音等社交平台，方便用户与朋友、家人分享自己创作的音乐作品，增加互动性和乐趣。

不过，目前豆包生成的音乐时长不超过1分钟，歌词字数不超过200字。豆包相关负责人也表示，音乐生成功能刚刚推出，还有各种待完善之处。但总体而言，该功能为用户提供了一种全新的音乐创作体验，即使没有专业的音乐知识和技能，也能轻松地创作属于自己的个性化音乐作品，激发了更多人对音乐的热爱和创造力。

5.2.4　游戏互动与娱乐问答

豆包大模型具有游戏互动和娱乐问答的功能，能够满足大部分用户的社交和娱乐需求。以下是相关的详细内容。

1. 游戏互动

角色扮演：豆包大模型支持老师、朋友、宠物等多种角色的扮演需求，从霸道校草到知心姐姐，各种各样的角色应有尽有。例如，用户可以与AI版的李白进行充满诗意的对话，还可以与外教老师进行口语对练，极大地增强了互动的趣味性和个性化。

文字冒险游戏：根据用户输入的指令或选择，豆包可以构建出相应的故事情节。例如，设定一个奇幻的世界背景，用户通过与豆包大模型交流，决定角色的行动方向、探索地点、与各种角色的互动等，每个决策都会引发不同的情节发展和结果，如同亲自参与一场刺激的冒险之旅。

猜谜游戏：豆包大模型可以作为出题者，提供各种类型的谜语，包括字谜、成语谜、物品谜等，让用户来猜。用户给出答案后，豆包大模型能迅速判断对错，并给予相应的提示和解释。

用户提问：

我来出一个谜语吧，看看你能不能猜出来。什么东西有面没有口，有脚没有手，虽有四只脚，自己不会走。

豆包：

桌子。因为桌子有面，没有口，有四条腿但自己不会走。我再来出一个谜语吧。一把刀，顺水漂，有眼睛，没眉毛。打一动物。你来猜猜。

2. 娱乐问答

除了游戏互动，用户还可以与豆包大模型进行娱乐问答。例如，可以问它一些知识性较强的问题，无论是科学知识、历史事件、文化传统，还是流行文化、娱乐八卦等方面的问题，豆包大模型都能凭借丰富的知识储备给出准确的回答。

例如，询问“太阳系中最大的行星是哪个”“古代四大发明是什么”“最近热门的电影有哪些”等，豆包大模型都能迅速给出答案，满足用户对各类知识的好奇。

用户提问：

世界上第一第二高的山是什么?

豆包：

世界第一高的山是珠穆朗玛峰，海拔约为8848.86米。它位于中国与尼泊尔边界上，是喜马拉雅山脉的主峰。

世界第二高的山是乔戈里峰，海拔约为8611米。它又被称为K2，位于喀喇昆仑山脉中段、中国和巴基斯坦边界上。

除此之外，用户还可以问一些有趣、奇特的问题，例如，“如果动物会说话，它们第一句话会说什么？”“假如你能拥有一项超能力，你希望是什么？”等，用户可以发挥自己的想象力和创造力，问出各种富有创意的问题，而豆包大模型也会参与其中，进行互动和交流。

用户提问：

什么东西有五个头，但人不觉得它怪呢?

豆包：

人的手和脚。手指加上手掌是五个头，脚趾加上脚掌也是五个头，但人们习以为常，并不觉得奇怪。

用户提问：

假如你现在有魔法，你最想做的一件事是什么?

豆包：

如果我有魔法，我最想做的一件事是消除世界上的所有疾病和痛苦。让人们不再被病痛折磨，能够健康快乐地生活。无论是年幼的孩子、忙碌的成年人还是年迈的老人，都能拥有强壮的体魄，去追逐自己的梦想，享受生活的美好。每个家庭都不再因为疾病而陷入悲伤和困境，整个世界都充满着生机与活力。你呢？如果有魔法，你最想做的一件事是什么？

5.2.5　情感交流与回应

除了上述功能，豆包还可以与用户进行情感交流与回应。当用户分享快乐时，豆包会给予积极的反馈，让用户感受到共鸣和喜悦的放大；当用户表达悲伤或沮丧时，豆包会温柔地安慰用户，“别难过，事情一定会好起来的。”给予用户温暖和支持；当用户感到困惑或迷茫时，豆包则会耐心地倾听用户的问题，并尽力提供有价值的建议和思考角度，帮助用户厘清思绪。

总之，豆包会尽力理解用户的情感状态，给予恰当的回应，陪伴用户进行情感交流，如下所示。

用户提问：

我要跟你分享一件伤心的事情，我最近跟父母吵架了，关系闹得很僵。

豆包：

别太难过呀。和父母吵架确实会让人心里不好受呢。你愿意和我说说为什么和父母吵架吗？有时候把事情说出来，心里可能会舒服一些。不管怎么样，父母和你之间肯定是有感情基础的，等大家都冷静下来，也许可以找个机会好好沟通一下，把心里的想法和感受都坦诚地说出来，说不定就能化解矛盾，修复关系呢。

用户提问：

我很困惑，不明白为什么自己总是处理不好跟朋友的关系，而且最近压力特别大，感觉自己很挫败。你能帮我分析一下原因吗？

豆包：

别太沮丧呀。处理不好和朋友的关系以及感到压力大、挫败，这是很多人都可能经历的情况。

先来说说和朋友关系的问题。可能的原因有很多呢。一方面，也许是沟通方式的问题。在和朋友交流时，是否有时候没有充分表达自己的想法和感受，或者没有认真倾听朋友的意见，导致误解产生。另一方面，可能是对朋友的期望过高。每个人都有自己的生活和处事方式，当朋友没有达到你的期望时，可能就会产生矛盾。还有可能是在处理问题时不够成熟，比如在有分歧的时候过于坚持自己的观点，不愿意妥协。

至于压力大、感到挫败，可能是因为你对自己要求过高，或者面临的任务和挑战超出了自己的能力范围。也有可能是没有找到合适的应对压力的方法，让压力不断积累。另外，生活中的一些变化或者不确定性也可能会带来压力和挫败感。

不过别担心，这些问题都是可以解决的。对于和朋友的关系，可以试着多沟通、多理解，学会换位思考，尊重朋友的选择和决定。对于压力，可以尝试一些放松的方法，比如运动、冥想、听音乐等。也可以把大的任务分解成小的目标，逐步完成，增强自己的成就感。相信你一定可以走出困境，重新找回良好的人际关系和积极的心态。

5.3 在学习中的应用

豆包能在学习的各个阶段发挥重要作用。当用户面对复杂的难题时，它以精准的解答为用户拨云见日；在撰写论文时，它提供专业的思路与丰富的参考资料；进行语言学习时，它又是得力的助手，纠正语法错误、丰富词汇量。无论是探索科学奥秘、领略文学之美，还是攻克数学难题，豆包都能以其强大的专业性和高效性，满足用户的学习需求。

5.3.1 知识点查询与解答

在学习和工作中，我们常常会遇到各种问题，而豆包则是一个强大的知识查询与解答工具。实际操作中，用户可以直接在对话框中输入问题，无论是关于文学、数学、物理、化学等各个领域的问题，还是生活常识、技术问题等，豆包都能凭借其丰富的知识储备和强大的分析能力，为用户提供准确、清晰的解答，提高用户学习和工作的效率。

用户提问：

唐朝的建立时间是哪一年？

豆包：

唐朝的建立时间是公元618年。

隋大业十三年（公元618年），李渊起兵反隋，最后自立为帝，国号为唐，承继国都为长安，建元武德。《旧唐书高祖本纪》记载：（隋义宁二年、唐武德元年五月）甲子，高祖即皇帝位于太极殿，这一天是唐朝正式建立的时间，武德元年五月甲子（二十日）换算为公历是公元618年6月18日。

唐朝共计二百八十九年，共经历二十一位皇帝统治。唐朝在中国历史上具有独特地位，其是封建时代国力最为强盛，统治时间最为悠久的王朝之一，疆域辽阔，国境内民族众多相处和谐。

用户提问：

牛顿第一定律的内容是什么？

豆包：

牛顿第一定律的内容是：任何物体都保持静止或匀速直线运动的状态，直到其他物体所作用的力迫使它改变这种状态为止。

物体所呈现出的维持运动状态不变的性质称为“惯性”，所以牛顿第一定律又称为“惯性定律”。

该定律是在大量经验事实的基础上，通过进一步的推理而概括出来的。它确定了力的含义，即力是改变物体运动状态的原因，而不是维持物体运动的原因。例如，在太空中的宇航员，当他与飞船断开连接后，由于没有其他外力的作用，他会保持断开连接时的速度一直飘向太空深处，这就体现了牛顿第一定律。

5.3.2 语言学习与翻译

豆包的语言学习与翻译功能为用户提供了强大的语言辅助工具，为用户的语言学习和跨语言交流提供了强有力的支持。

在语言学习方面，豆包可以解答各种语言学习中的问题，如语法讲解、词汇辨析、句型分析等。例如，当用户询问“现在完成进行时的用法是什么？”豆包会详细解释该时态的构成、意义和使用场景。它还能提供词汇的多种释义、例句及常见搭配，帮助用户更好地理解和记忆词汇。

用户提问：

英语学习中最常见的句型有哪些？分别代表着什么意思？请为我详细解释。

豆包：

在英语学习中，常见的句型主要有以下几种：

一、主谓结构（S+V）

含义：这种句型表示主语做出某个动作，只有主语和谓语动词。

例如：He runs.（他跑步。）“He”是主语，表示动作的执行者；“runs”是谓语动词，表示动作。

二、主谓宾结构（S+V+O）

含义：此句型中主语执行动作，动作的对象是宾语。

例如：I love you.（我爱你。）“I”是主语；“love”是谓语动词；“you”是宾语，是“love”这个动作的对象。

三、主系表结构（S+V+P）

含义：主语和表语之间存在联系，表语通常是说明主语的性质、状态、特征等。

例如：She is beautiful.（她很漂亮。）“She”是主语；“is”是系动词；“beautiful”是表语，描述主语的特征。

四、主谓宾宾结构（S+V+O1+O2）

含义：主语发出的动作涉及两个对象，一个是直接宾语，一个是间接宾语。

例如：He gave me a book.（他给了我一本书。）“He” 是主语；“gave”是谓语动词；“me”是间接宾语，表示动作的对象是人；“a book”是直接宾语，表示动作的对象是物。

五、主谓宾补结构（S+V+O+C）

含义：主语发出的动作使宾语处于某种状态或具有某种特征，宾语补足语是用来补充说明宾语的。

例如：We made him happy.（我们使他开心。）“We”是主语；“made”是谓语动词；“him”是宾语；“happy”是宾语补足语，说明宾语的状态。

在翻译功能上，豆包能够准确地进行不同语言之间的翻译。无论是单词、短语还是句子、段落，都能给出高质量的翻译结果。例如，将“我喜欢阅读书籍。”翻译成英文，豆包会给出“I like reading books.”的准确译文。对于一些复杂的句子结构或专业术语，豆包也能进行恰当的翻译，满足用户在学习、工作和生活中的各种翻译需求，如下所示。

用户提问：

请为我将下面的这段文字翻译成英文和法语两个版本。

“优美在清晨的曦光中，一滴露珠悠然滑落，跌碎在碧绿的荷叶上，微风吹过，留下一道若隐若现的水痕。这似是岁月的轻叹，时光的流转，在静谧中轻轻诉说着宇宙的浩瀚与辽阔。”

豆包：

英文版本：

Beauty lies in the morning sunlight. A drop of dew slides down leisurely and shatters on the green lotus leaf. As a gentle breeze blows by, a faint water mark is left. This seems to be the sigh of years and the flow of time, quietly telling the vastness and expanse of the universe in tranquility.

法语版本：

La beauté est dans la lumière du matin. Une goutte de rosée glisse lentement et se brise sur la feuille de lotus verte. Quand un léger vent souffle, il laisse une marque d’eau indistincte. Cela semble être le soupir des années, le passage du temps, racontant doucement dans le calme l’immensité et l’étendue de l’univers.

5.3.3 个性化学习建议

豆包的个性化学习建议功能旨在根据用户的特定需求、学习目标和当前的知识水平，为用户提供量身定制的学习指导。该功能能够充分考虑到用户的个体差异，通过分析用户提出的问题类型、学习历史及反馈信息等，生成具有针对性的学习建议，以帮助用户进行更高效的学习。

例如，当一位学生准备参加高考数学，向豆包咨询学习方法时，豆包会根据高考数学的考试大纲和常见题型，结合学生的当前数学水平，给出个性化学习建议，如下所示。

用户提问：

我的数学基础一般，总是在难题上丢分（如函数），成绩基本上总是保持在100分左右，我想让自己的数学成绩进一步突破，你能根据高考数学的考试大纲和常见题型给我提供一些个性化学习的建议吗？

豆包：

以下是根据高考数学考试大纲和常见题型为你提供的个性化学习建议：

一、分析自身问题

明确薄弱点

既然你知道自己在函数等难题上丢分，就需要进一步细化问题。例如，是函数的性质理解不透彻、函数图像不会分析、函数综合应用能力不足，还是特定类型的函数问题（如二次函数、指数函数、对数函数等）存在困难。

查看错题

整理以往考试和练习中的错题，分析错误原因。是概念不清、计算错误、解题思路错误还是其他问题。这将帮助你有针对性地进行改进。

二、制订学习计划

基础知识巩固

虽然你数学基础一般，但基础知识是解决难题的关键。重新复习函数的基本概念、性质和图像。

理解函数的定义域、值域、单调性、奇偶性、周期性等概念，掌握函数图像的绘制方法。

对于常见函数，如一次函数、二次函数、反比例函数、指数函数、对数函数等，要熟练掌握它们的性质和特点。

……

学会分析题目中的关键信息，找到解题的突破口。多做一些高考真题和模拟题，总结不同类型问题的解题思路和技巧。

错题整理与复习

建立错题本，将做错的题目整理出来。分析错误原因，写出正确的解题思路和方法。

定期复习错题，加深对知识点的理解和掌握。

三、学习方法建议

多做练习

数学成绩的提高离不开大量的练习。但要注意做题的质量，而不是数量。选择一些难度适中的题目进行练习，逐步提高自己的解题能力。做完题目后，要认真分析答案，理解解题思路和方法。

善于总结

在学习过程中，要善于总结归纳。总结函数的各种类型问题的解题方法和技巧，形成自己的解题思路。总结常见的错误类型，避免在下次考试中犯同样的错误。

……

合理安排时间

制订合理的学习计划，合理安排时间。不要过度压力，保证充足的睡眠和休息时间，以保持良好的学习状态。

希望以上建议对你有所帮助，祝你在高考中取得优异的成绩。

5.4 在工作中的应用

在快节奏的工作环境中，高效工具至关重要。豆包凭借强大的语言处理能力和广泛的知识储备，可以快速生成高质量文案，提供创意灵感；能准确捕捉会议关键信息，确保重要内容不遗漏。无论是客户沟通、团队协作还是独立任务，豆包都能以严谨的语言和高效的服务为工作增添助力，让人们在竞争激烈的职场中脱颖而出，开启高效工作新篇章。

5.4.1 文档编辑与整理

在工作中，豆包在文档编辑与整理方面有着显著的应用价值，其功能含义主要体现在以下几个方面。

- 能够提供准确的语言表达建议，帮助优化文档内容的逻辑性和清晰度。
- 可以协助检查文档中的语法错误和错别字，提升文档的质量。
- 在文档整理时，能根据特定要求进行内容分类和归纳，提高工作效率。

在撰写一份工作报告时，可以利用豆包来优化语言表达，还可以让豆包检查文档中的语法错误。例如，如果在描述工作进展时感觉表述不够准确，可以向豆包提问，如“如何更好地表达项目的阶段性成果？”，豆包会给出一些恰当的表达方式和词汇建议，使报告更加专业，语言更加简洁明了。

在文档整理方面，假设有大量的市场调研资料需要整理成一份综合报告，可以将资料内容提供给豆包，让它帮助分类归纳关键信息，如“请将这些市场调研数据按照产品类型、市场份额和消费者反馈进行分类整理。”，豆包会迅速给出清晰的分类结果，为文档编辑提供有力支持。

总之，豆包在文档编辑与整理工作中发挥着重要作用，能够大大提高工作效率和文档质量。

用户提问：

请给我提供一份工作报告的模板供我参考。

豆包：

以下是一份详细的工作报告模板：

《[你的名字][具体时间段] 工作报告》

一、引言

在过去的 [具体时间段]，我在 [部门名称] 担任 [具体职位]。本报告旨在总结这一时期的工作情况，包括工作成果、面临的挑战、经验教训以及未来的工作计划。

二、工作概述

工作职责

详细阐述自己的主要工作职责，包括日常任务、项目参与等方面。

说明工作的重点和优先级，以及如何平衡各项任务。

工作目标

列出在该时间段内设定的工作目标，包括短期和长期目标。

解释目标的重要性和对团队或组织的贡献。

三、工作成果

项目成果

介绍参与的主要项目，包括项目背景、目标和自己在项目中的角色。阐述项目的进展情况和取得的成果，如按时完成、超出预期目标等。可以使用具体的数据或指标来支持成果的说明，如项目完成率、质量指标等。

业务指标达成情况

分析与工作相关的业务指标，如销售额、产量、客户满意度等。说明自己在达成这些指标方面所做出的贡献，包括采取的措施和取得的成效。

……

再次表达对团队成员、领导和相关部门的感谢之情。

展望未来

对未来的工作充满信心，表达自己的期望和决心。可以提出对团队或组织的建议和期望，共同为实现目标而努力。

八、附录

如有需要，可以在报告末尾附上相关的资料和数据，如图表、统计报表、项目文档等，以支持报告内容。

请注意，以上模板仅供参考，你可以根据实际情况进行调整和补充。在撰写工作报告时，要确保内容准确、清晰、有条理，重点突出工作成果和价值，同时提出切实可行的未来计划和改进措施。

5.4.2 信息检索与推荐

豆包能对用户提出的问题进行分析，从海量的信息中筛选出最相关的内容呈现给用户。同时，它还能根据用户的工作领域、兴趣爱好等因素，主动推荐可能对用户有帮助的信息资源。

例如，假设一位市场调研人员正在撰写一份关于某特定行业的市场趋势报告。他可以向豆包提问："目前[行业名称]的主要发展趋势有哪些？"豆包会迅速从其知识库中检索出相关信息，并以简洁明了的方式呈现给用户。

用户提问：

目前人工智能的主要发展趋势有哪些?

豆包：

目前人工智能的主要发展趋势如下：

强化学习的崛起：强化学习是让智能体通过与环境交互学习，以最大化预期累积奖励的机器学习方法。未来，强化学习将在自动驾驶、游戏、机器人技术等领域展现巨大潜力，成为人工智能领域的重要支柱。

与边缘计算的融合：随着边缘计算技术发展，人工智能将更多与边缘设备结合，实现更快速、实时的决策和响应。把人工智能模型部署到边缘设备，可提高数据处理效率和隐私保护，推动物联网发展。

在医疗与生物技术领域的应用拓展：人工智能在医疗保健和生物技术领域的应用备受关注，可用于疾病诊断、药物研发、基因组学等，有望为医学研究和临床实践带来革命性变革，提高医疗水平和人们生活质量。

……

人工智能生成内容（AIGC）应用向全场景渗透：AIGC应用源头在数字内容创作领域，从单模态内容到多模态数字化内容创建已初显雏形，未来会进一步提高人类创造内容的效率，丰富数字内容生态，开启人机协同创作时代，各种需要创意和新内容的场景都可能被AIGC重新定义。

模型即服务（MaaS）成为AGI生态构建的核心：MaaS 模式将人工智能模型作为一种服

务提供给用户，用户可以根据自己的需求选择和使用不同的模型，而无需自己开发和训练模型，这将促进人工智能技术在各行业的广泛应用和落地，成为构建AGI生态的核心环节。

当用户关注某个特定领域的发展动态时，豆包可以定期为用户推荐该领域的最新新闻、研究报告和行业趋势分析。例如，用户对人工智能在医疗领域的应用感兴趣，豆包可以在适当的时候推荐相关的学术论文、行业会议信息和创新案例。

豆包的信息检索与推荐功能在工作中具有重要价值，能够帮助用户节省时间、提高工作效率，更好地应对各种工作挑战。

5.4.3　创意激发与头脑风暴

豆包在创意激发与头脑风暴方面有着独特的作用。它能够通过对大量知识的整合和分析，为用户提供新的思路和视角，帮助用户打破思维定式，激发创意灵感。无论是在产品设计、营销策划还是解决复杂问题的过程中，豆包都可以作为一个强大的创意伙伴，参与头脑风暴，提供多样化的建议和可能性。

假设一个团队正在设计一款新的智能设备。他们可以向豆包提出问题："有哪些创新的功能可以添加到我们的智能设备上？"豆包可以根据现有的科技趋势和用户需求，给出一些创意建议。

又如，在制订营销方案或者面对一个复杂的工作问题时，营销人员都可以向豆包寻求创意。如"有什么新颖的营销活动可以吸引年轻消费者？""线上互动游戏可以设计哪些环节？"等，豆包会给出具体的游戏玩法建议，团队可以评估并讨论这些建议，挑选出最适合的解决方案。

用户提问：

公司最近要推广一款新出的智能设备，主要以人性化、智能化、高效便捷的特点为主，你作为营销人员，在制订营销活动上有什么新的创新点吗?

豆包：

作为营销人员，以下是针对智能设备的营销活动创新点：

一、线上营销

举办线上智能生活挑战赛，邀请用户拍视频上传并添加话题标签，设置奖品，邀请网红达人参与示范。

开展线上直播体验活动，邀请主播或产品专家展示功能，设置互动环节，安排实际用户分享心得。

推出智能设备试用计划，筛选试用者免费体验，要求提交试用报告和评价并给予奖励。

……

三、会员营销

推出智能设备会员计划，提供专属权益和服务，定期举办会员活动。

实施积分奖励制度，鼓励用户参与推广和购买。

提供个性化定制服务，满足差异化需求。

四、口碑营销

建立用户社区，提供交流平台，安排客服人员管理，举办社区活动。

鼓励用户推荐，推出推荐计划，给予奖励。

收集用户反馈，改进产品和服务，通过多种渠道收集意见并及时回复。

关键词：智能设备、营销活动、线上线下、会员营销、口碑营销、挑战赛、直播、试用、体验区、讲座、合作、会员计划、积分奖励、定制服务、用户社区、推荐、反馈。

第6章　通义：全能型的AI助手

通义，意为“通情，达义”，由通义千问更名而来，是阿里云推出的多模态大语言模型。通义声称具备全副AI能力，致力于成为人们的工作、学习、生活助手。本章是对通义大语言模型的全面介绍，具体从通义的基础认识和通义的主要功能两方面出发，在介绍的过程中会结合具体的案例进行操作，力求给读者带来最真实的体验。

6.1 通义基础介绍

通义是阿里云推出的一款超大规模语言模型，它具备多种强大功能，广泛应用于知识问答、技术支持、内容创作、多语言翻译等多个领域。

6.1.1 认识通义

通义的诞生源于阿里巴巴对人工智能技术的探索和实践，旨在为各行各业提供优质的自然语言处理服务，并且能够应对各种复杂的任务挑战。

截至2024年5月，通义提供通义灵码（编码助手）、通义智文（阅读助手）、通义听悟（工作学习）、通义星尘（个性化角色创作平台）、通义点金（投研助手）、通义晓蜜（智能客服）、通义仁心（健康助手）和通义法睿（法律顾问）8大行业模型。

8大行业模型可以帮助人们写代码、读代码、查BUG、优化代码等，能在短时间内获取长文本提要和概述，掌握要点。除此之外，通义还有对音频内容转写、翻译、角色分离、全文摘要、章节速览、发言总结、PPT提取等功能，并支持标重点、记笔记；可以解读财报研报、分析金融业事件、自动绘制图表表格、实时分析市场数据等。

6.1.2 通义的主要功能

通义体现了AI和阿里云对交互与知识的追求，基于知识图谱和自然语言处理技术，通过大规模的训练数据和复杂的数学运算，通义顺利实现了对多种类型问题的理解和回答能力。以下是通义的主要功能及常见的应用场景。

1. 主要功能

（1）智能问答。通义作为大规模语言模型，能理解自然语言，回答多领域问题，提供高质量的问答服务，且对用户语言理解好、回答充分，还支持 1000万字上下文的超强文本对话创作。例如，用户询问科学知识、历史事件、技术问题等，通义都能给出准确答案 。

（2）文本创作。可帮助用户进行文本创作，如写作文章、故事、诗歌等，能提供创意和灵感，协助组织思路，提高写作效率。

（3）语言翻译。具备多种语言之间的翻译能力，帮助用户跨越语言障碍，与不同国家和地区的人进行交流。

（4）智能助手服务。

- 日程与事项管理：可帮助用户管理日程、设置提醒事项等，例如，记录会议时间、提醒重要任务等。
- 邮件处理：能辅助用户发送邮件，如根据用户提供的信息自动撰写邮件内容。

（5）音频处理。

- 会议纪要生成：像通义听悟，支持智能会议纪要生成，可将会议的内容实时记录下来，区分发言人，并能分章节实时转化成文字，还可以进行总结和提炼。
- 音视频转文字：具备音视频转文字的功能，能将音频、视频中的语音内容转换成文字形式，方便用户查看和整理。
- 实时转录与翻译：可进行实时转录和翻译，例如，在跨国会议中，可实时将对方的发言转录并翻译成指定语言。

（6）图像与视频处理。

① AI 绘画：如通义万相，一款不断进化的 AI 绘画模型，主要有基础文生图功能、相似图片生成功能、图像风格迁移功能。仅需一个模型即可支持多类图像生成类任务，还能在计算机端为特定场景（如营销节日）提供字体设计支持，生成透明底图片，以便在美图上使用。

② 视频人物替换与创作：通义App推出的“角色扮演”功能，在不改变其他场景和人物的情况下，将视频中原有的角色一键变身为有趣的 3D 角色模型，如孙悟空、机器人、二次元女孩等，实现创意视频效果。

（7）个性化服务。

- **智能体布局**：方便用户在工作流中运行，例如，根据用户的使用习惯和偏好，自动调整回答方式和内容呈现形式。
- **创建个性化角色**：像通义星尘，可以自由创建个性化的角色创作平台，用户能随心所欲地创建自己的角色，包括二次元角色、历史名人、萌宠、密友等，并将他们赋予生命，实现拟人化、场景化、多模态的对话能力，不过目前该功能可能更像游戏。

（8）辅助编程。通义灵码是免费的 AI 编程工具，基于通义大模型，提供行级/函数级实时续写、自然语言生成代码、单元测试生成、代码注释生成、代码解释、研发智能问答、异常报错排查等能力，并针对阿里云 SDK/API 的使用场景调优，支持自动、续写生成代码，以及代码检查，为开发者带来高效、流畅的编码体验。

（9）法律智能服务。通义法睿利用通义千问的大模型推理技术，提供法律智能对话、文书生成、知识检索和文本阅读等服务。能理解并回答法律问题，自动撰写法律文书，快速检索法律知识，以及帮助用户高效理解法律文本，旨在提高法律服务的效率和质量，其核心功能包括智能法律咨询、文书自动生成、法律资料检索、文本分析与摘要、案情案件推理、裁判文书撰写等。

2. 应用场景

通义千问的应用场景非常广泛，包括但不限于以下领域。

- 客户服务：在电商、金融等行业中，提供智能客服支持，解答用户问题，提升客户满意度。
- 内容创作：辅助作家、广告人等创意工作者进行文案创作，提高创作效率和质量。
- 教育学习：作为学习助手，帮助学生解答学术问题，提供个性化的学习资源推荐。
- 企业办公：在办公场景中，实现自动化文档编写、会议记录等功能，提升办公效率。

综上所述，通义作为一款功能强大的超大规模语言模型，在多个领域展现出了广泛的应用潜力和价值。随着技术的不断进步和应用场景的不断拓展，通义将继续为用户带来更加智能、便捷的体验。

6.1.3 通义注册与登录

要想正式开始使用通义，首先要注册一个通义账号，并登录到通义的平台。注册过程十分简单快捷，用户只需要提供一些基本信息即可。以下是相关的具体操作步骤。

（1）在浏览器中搜索“通义官网”，找到官网并进入，如图6-1所示。

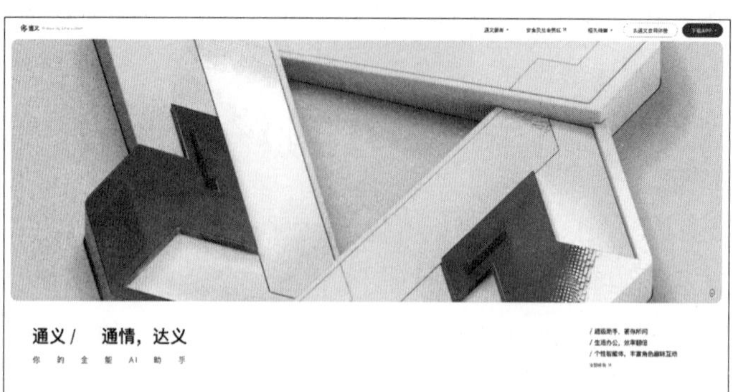

图 6-1

（2）单击页面左下角的“立即登录”按钮，弹出“注册与登录”的对话框，如图6-2所示，用户可以通过手机号+验证码的方式登录，也可以直接使用淘宝账号登录。

图 6-2

（3）登录成功后，用户可以看到“通义”的主页，如图6-3所示。在输入框中输入问题或指令，用户就可与通义直接进行交互。通义会快速分析和处理输入框中的内容，并给出相应的回答或解决方案。

图 6-3

（4）通义提供个性化设置服务，用户可以根据自己的需求和偏好进行个性化设置，如设置语言、主题、提醒等，这样可以让通义更好地为用户服务。同时，用户还可以随时向通义提供反馈。通义会根据用户的反馈不断改进自己的服务，提高用户满意度。

6.1.4 通义基础界面

在通义的主页面中，可以看到左侧的导航栏中分布了“对话”“效率”和“智能体”，以下是它们的详细功能介绍。

（1）对话：这部分可能用于与AI进行自然语言交互，用户可以在这里输入问题或指令，AI会给出相应的回答或执行指定的任务。

（2）效率：这部分提供了各种提高工作效率的功能，如图6-4所示。

- ➢ “阅读助手”可以总结和翻译全文，还可以生成思维导图，对文档进行解读和问答。
- ➢ “实时记录”可以帮助用户将实时语音转换成文字，还能区分发言人和总结要点。
- ➢ “音视频速读”可以将音视频转换为文字，生成和导出摘要脑图。
- ➢ “PPT创作”可以帮助用户将数千万字的长文档一键生成精美、专业的演示文档。

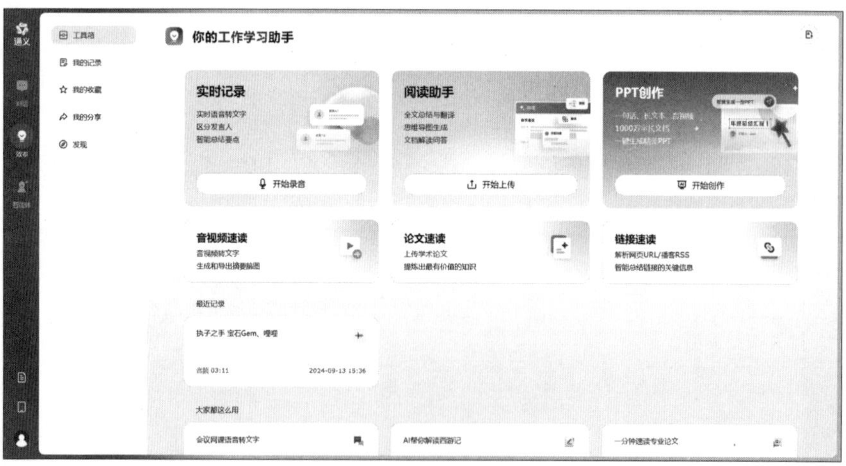

图 6-4

（3）智能体：这部分提供了一些智能化的服务，涵盖生活顾问、学习帮手、趣味消遣、效率神器等各种应用场景，能满足用户多样化的需求，如图6-5所示，以下是个别功能介绍。

- ➢ “古风小绘本”能够帮用户制作古风绘本故事。
- ➢ “点评大师”能给出专业权威的评价和建议。
- ➢ “健身教练”能够帮助用户制订个性化训练与饮食计划。
- ➢ “音乐雷达”能根据用户的偏好推荐高分音乐。

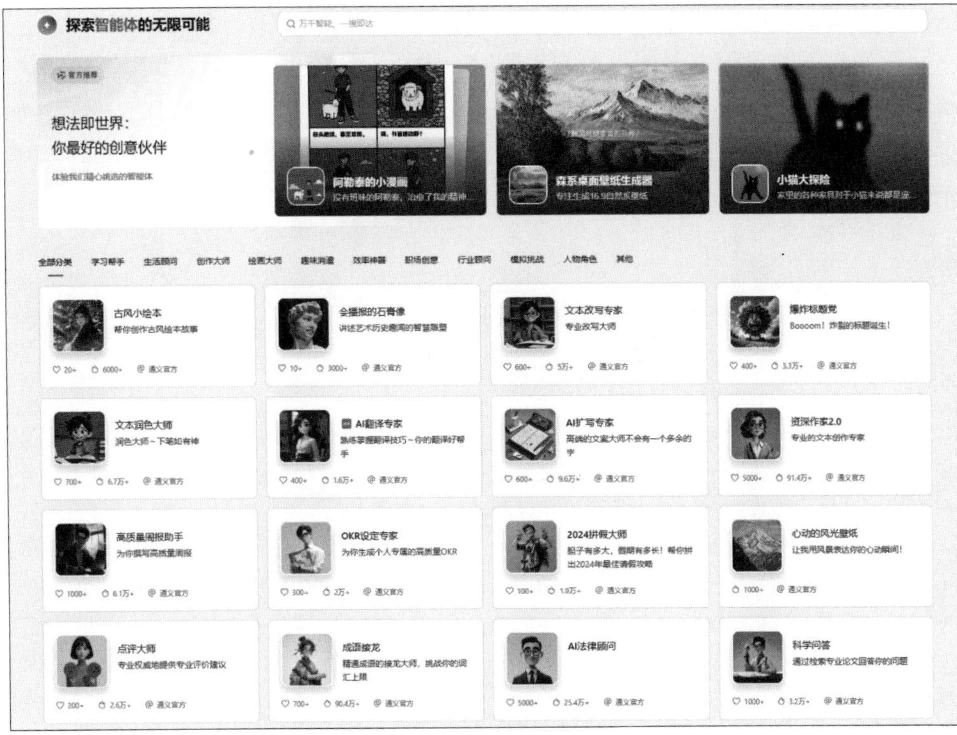

图 6-5

6.2　知识检索与问答系统

通义具备完整的知识检索与问答系统，能够根据用户的问题从已有的知识库或者互联网上获取相关信息，并据此生成准确、相关的答案。这一能力对于构建智能对话系统至关重要，这直接影响系统的实用性与用户体验。

6.2.1　精准问答与信息筛选

基于先进的自然语言处理和机器学习算法，通义能够利用系统理解用户提出的问题，并从大量的信息中准确地找出最相关的答案或信息片段，它不仅能识别文字的表面含义，还能理解其背后的语境和意图，从而提供更加精确的回答。

例如，在在线教育平台中，学生可能会遇到各种各样的问题。精准问答技术可以帮助构建智能辅导系统，根据学生的提问给予个性化、针对性的解答，帮助学生更好地理解和掌握知识。下面围绕“教育辅导”这一实际应用案例的不同情况对该功能进行解释。

1. 智能答疑解惑

学生在学习过程中遇到不懂的问题时，可以向智能辅导系统提问。系统利用精准问答技术，能够准确理解问题的含义，并给出正确的答案或解释。例如，如果学生问："什么是牛顿第三定律？"系统不仅能够解释定律本身，还能够提供相关的实例帮助理解，如下所示。

学生：

什么是牛顿第三定律?

通义：

牛顿第三定律，也被称为作用力与反作用力定律，是经典力学中的基本原理之一。这条定律表述为：对于任意两个物体，它们之间的作用力和反作用力总是大小相等、方向相反，并且作用在同一直线上，但分别作用在这两个不同的物体上。

简单来说，就是如果你对一个物体施加力（作用力），那么这个物体会对你施加一个大小相等但方向相反的力（反作用力）。需要注意的是，这两个力作用在不同的物体上，因此不会相互抵消。

举个例子，当你坐在椅子上时，你的身体给椅子一个向下的力（作用力），同时椅子也会给你一个向上的力（反作用力），使得你不会穿过椅子掉下去。再比如火箭发射时，火箭向下喷射燃料产生的气体，产生向下的力，而气体则以相同的力量向上推火箭，从而推动火箭升空。

牛顿第三定律是理解物体间相互作用的基础，并广泛应用于物理学和工程学领域。

2. 作业辅导与检查

智能系统还可以帮助学生检查作业是否正确。例如，在数学或物理等科目中，学生可以输入他们的解题步骤，系统会自动检查每一步是否正确，并指出错误的地方，甚至给出改正建议。

学生：

帮我看一下我这道题做对了没有?

一块梯形田的面积是90平方米，上底是7米，下底是11米，它的高是几米?

它的高是x米

x（7+11）=90*2

18x=180

x=10

它的高是10米。

通义：

你的计算过程基本上是正确的。我们来验证一下你的解题步骤。

梯形面积的公式是：面积=（上底+下底）×高÷2

给定的数据是：
上底a=7 米
下底b=11 米
面积A=90平方米
高h=x米
根据梯形面积公式：
90=（7+11）×x÷2
简化后得到：
90=18×x÷2
90=9x
然后解方程找到x=10
所以，梯形的高确实是10米。你的解题过程和结果都是正确的。

3. 个性化学习路径推荐

通过对学生提问模式、学习进度及理解程度的数据分析，系统可以为每个学生制订个性化的学习计划。例如，如果发现某个学生在某一章节的学习上遇到了困难，系统可以推荐更多的练习题目或视频教程来加强该部分内容的学习，如图6-6所示。

图 6-6

4. 知识点回顾与测试

系统可以定期根据学生的学习情况，自动生成知识点回顾测试题，帮助学生巩固记忆。也可以根据学生的答题情况调整后续的学习内容，确保学生能够掌握所有必要的知识点。

学生：

请你根据我的学习情况，自动生成知识点回顾测试题，帮助我巩固记忆。

通义：

好的，基于你提到的球体面积计算这一知识点，我会为你设计一些回顾测试题来帮助你巩固记忆。以下是几个不同类型的题目：

知识点回顾测试题

基础计算题

如果一个球体的半径是7厘米，那么它的表面积是多少？

单位转换题

一个球体的表面积是144π平方厘米，如果要将其转换为平方毫米，那么球体的表面积是多少平方毫米？（提示：1平方厘米=100平方毫米）

比较题

两个球体，第一个球体的直径是10米，第二个球体的直径是20米。求这两个球体表面积的比例。

复合问题

一个球形水塔的半径为2米，如果需要给水塔的外表面涂上防水材料，且每平方米的防水材料成本为15元，那么涂满整个水塔需要多少成本？

逆向思维题

如果一个球体的表面积增加了4倍，那么它的半径增加了多少倍？

通过上述应用，精准问答与信息筛选技术能够在教育辅导场景下发挥重要作用，这不仅提高了学生自主学习的能力，也为教师提供了有力的教学辅助工具。这样的系统能够适应不同层次的学生需求，促进教育公平，让每个学生都能得到最适合自己的教育资源。

6.2.2 问题解析与答案生成

通义的“问题解析与答案生成”功能是指能够理解提出的问题，并根据已有的知识库或通过推理来生成准确的答案。无论是书面还是口头的，通义都能够理解和回应人类的语言。以下是关于“法律咨询”和“健康咨询”的实际应用案例。

1. 法律咨询

在法律咨询领域，通义的“问题解析与答案生成”功能可以被用来提高法律服务的效率和便捷性，尤其是在提供基础法律咨询和支持方面。如下所示，如果用户想要了解关于租赁合同的基本条款，可以这样向通义进行提问。

用户：

我想了解一下关于租赁合同的基本权利义务，请你帮我生成一份常见条款的解释文档。

通义：

当然可以帮助您概述租赁合同中常见的权利与义务条款。请注意，这里提供的信息仅供参考，并不构成正式法律建议。对于具体的法律问题，建议咨询专业的法律顾问。

租赁合同基本权利义务概览

1. 租赁物的交付与接收

出租人应在约定的时间内将租赁物交付给承租人，并保证租赁物处于良好可用状态。

承租人在接收租赁物时应当进行检查，并确认其符合合同约定的状态。

2. 租金支付

承租人应按合同约定的方式和时间支付租金给出租人。

出租人有权按照合同规定收取租金。

3. 维修保养

在租赁期间，承租人有责任保持租赁物的良好状态，合理使用租赁物。

对于自然损耗或由承租人造成的损坏，承租人应负责维修或赔偿；而对于因租赁物自身质量问题导致的损坏，则由出租人负责修复。

……

6. 合同期限与终止

合同双方需遵守约定的租赁期限，在合同期满前任何一方不得无故终止合同。

在特殊情况下，如违反合同条款或其他法律规定，任何一方都有权提前终止合同。

7. 违约责任

若任一方违反合同条款，违约方需承担相应的法律责任，包括但不限于赔偿损失。

违约的具体情形及相应后果应在合同中明确列出。

8. 争议解决

当合同双方发生争议时，首先应尝试协商解决。

如果协商不成，可根据合同约定提交仲裁或向人民法院提起诉讼。

以上仅是租赁合同中一些较为常见的条款，具体条款内容可能会根据实际情况有所不同。签订任何合同之前，请务必仔细阅读并理解所有条款，必要时寻求法律专家的帮助。

2. 健康咨询

通义的“问题解析与答案生成”功能在健康咨询领域的应用主要是为了提供即时、准确且个性化的健康信息给用户。这一功能结合了自然语言处理技术和大数据分析，使得系统能够理解用户的健康问题，并生成相应的解决方案或建议。下面是具体的应用案例。

用户：

我5岁的女儿最近食欲不振，不爱吃饭怎么办？

通义：

对于您五岁女儿食欲不振的情况，可以尝试以下几个方法来激发她的食欲：

创造愉快的用餐环境：

让用餐时间成为一个轻松愉快的家庭活动，不要在饭桌上讨论严肃的话题。

可以让孩子参与到准备食物的过程中，比如洗蔬菜、搅拌配料等，这样可以增加她对食物的兴趣。

食物多样化：

尝试不同的食谱和食物形状，让食物看起来有趣且吸引人。比如可以用饼干模具切出动物形状的三明治或水果。

注意食物的颜色搭配，鲜艳的颜色通常更能引起孩子们的兴趣。

定时定量：

保持固定的用餐时间，有助于建立规律的饮食习惯。

避免餐前给孩子过多零食或饮料，以免影响正餐食欲。

营养均衡：

确保每顿饭都有足够的蛋白质、碳水化合物以及维生素和矿物质。

如果孩子挑食，可以考虑将她不喜欢的食物隐藏在她喜欢的食物中，如将蔬菜切碎混入面食里。

适量运动：

保证孩子每天有足够的户外活动时间，适当的运动能促进消化，增进食欲。

关注潜在问题：

观察孩子是否有其他身体不适的症状，如腹痛、便秘等，这些问题可能会影响她的食欲。

如果情况持续不见好转，建议带孩子去看医生，排除是否有健康方面的原因导致食欲不佳。

通过上述方法，您可以尝试调整孩子的饮食习惯，但如果情况严重或持续时间较长，最好咨询儿科医生的意见。

6.2.3 跨领域知识问答能力

通义的“跨领域知识问答”功能是指能够处理来自不同领域的复杂问题，提供准确且有用的信息。这一功能基于深度学习模型和大量的训练数据，使得通义能够理解和生成自然语言文本，从而在多个领域中提供帮助。以下是几个实际应用案例。

1. 科技支持

当用户遇到技术问题时，如设置路由器、解决软件故障等，通义可以根据设备型号和操作系统版本给出具体的解决方案。

例如，陈小姐是一名职场白领，现在她的笔记本电脑突然无法启动了，她可以向通义描述问题的具体表现，如听到异常声音、有错误信息提示等。通义接收到指令后会根据描述进行初步判断，并给出可能的原因。

用户：

我刚买没多久的电脑出现了故障，总是时不时出现“无信号”的提示信息，确认过了不是插口接触不良，你能帮我分析一下是什么原因吗？

通义：

当您的电脑出现“无信号”提示时，通常意味着显示器没有接收到有效的视频信号。这种情况可能由多种因素引起，下面是一些可能导致此问题的原因及排查方法：

检查硬件连接：

显示器与电脑之间的连接线：尽管您已经确认过插口没有接触不良的问题，但还是建议重新检查所有连接线缆是否牢固连接。有时候看似连接良好但实际上可能存在细微问题。

更换连接线：尝试使用另一根已知完好的视频线（如HDMI或VGA线）连接电脑和显示器，看看问题是否依旧存在。

检查显示器设置：

使用显示器上的菜单按钮检查输入源是否正确选择。有时显示器可能会切换到其他输入源（如HDMI 1而不是HDMI 2），导致显示“无信号”。

检查显卡驱动程序：

……

BIOS设置：检查BIOS设置，确保显示器输出设置正确。有时BIOS中的设置错误会导致显示问题。

系统问题：

尝试启动到安全模式，看是否能正常显示。这有助于判断问题是硬件还是软件引起的。

如果是在特定的应用程序或游戏中出现此问题，可能是应用程序或游戏自身的bug。尝试更新软件版本或重装软件。

硬件故障：

如果上述方法都不能解决问题，那么可能是显示器或电脑内部的硬件出现了故障。此时建议联系专业技术人员进行检修。

按照上述步骤逐一排查，应该能够找到问题所在。如果经过上述步骤仍然无法解决问题，建议携带电脑到专业的维修点进行检查。

陈小姐可以根据通义给出的故障存在原因一一进行问题筛查，这个快速搜索、跨知识领域的问答能力可以帮助用户有效地节省很多时间。如果最后还是没能解决，用户最好还是直接去找专业的维修师进行维修。

2. 金融理财规划

通义可以根据用户的收入水平、消费习惯、风险承受能力等真实因素，为用户提供建议性的投资组合和储蓄策略。例如，如果你每个月都有固定工资收入，可是每到月底就成了“月光族”，想要改变这种状况，又不知道怎么去管理自己的财产，通义可以帮你解决这个苦恼的问题。

用户：

我今年24岁，目前是一个公司的前台，每个月有3500元的固定工资收入，无存款无负债。每个月的花费在租房、水电费上的开销大概1200元，剩下的都用来吃饭和购物了。最近几年意识到了失业的风险，所以我想存点紧急备用金以备不时之需，请你根据我的实际情况为我制订一个财产规划表，要求逻辑清晰且语言简洁。

通义：

下面是整合后的理财规划表，包含了细化后的可变支出分析与建议，确保逻辑清晰且语言简洁：

个人信息	
年龄：24岁	职业：公司前台
月收入：3,500元	固定支出：1,200元（租房、水电费）
可支配收入：2,300元（吃饭和购物）	

财务目标

✓ **紧急备用金**：储备3至6个月的生活费用。

✓ **日常开销**：维持现有生活质量，合理安排每月支出。

✓ **储蓄与投资**：逐步积累储蓄，为未来打下基础。

财务规划	
紧急备用金	目标金额：3,600元至7,200元 每月存入：建议每月从可支配收入中拨出1,000元存入专用账户。
日常开销：固定支出保持不变。	
可变支出	
吃饭：	自己烹饪：在家做饭，控制食材，节省开销。 合理规划饮食：提前购买食材，避免频繁外出就餐。 减少外出就餐：减少不必要的外出就餐次数。
购物：	清单购物：列出购物清单，避免冲动消费。 比价购物：比较价格，利用优惠券、折扣码。 二手市场：考虑购买二手商品。 季末促销：关注促销活动，购买季节性商品。
储蓄与投资	储蓄：建立紧急备用金后，将剩余储蓄投入低风险的投资渠道。 投资：选择稳健型投资方式，避免高风险投资。

行动计划

建立紧急备用金：每月存入1,000元至专用账户。

记录收支情况：定期记录收入与支出。

学习理财知识：提升财务管理能力。

调整生活方式：寻找性价比高的消费方式，享受简单生活。

通过上述规划，您不仅能够建立起足够的紧急备用金以应对突发情况，还能逐渐增加自己的储蓄额，并在此基础上探索适合自己的投资渠道。重要的是要持之以恒地执行这个计划，并随着时间和经验的增长不断调整和完善您的财务目标。

希望这份规划能对您有所帮助！如果有任何疑问或需要进一步调整的地方，请随时告诉我。

上述这些应用案例充分展示了跨领域知识问答功能在现实生活中的广泛用途，旨在通过提供及时、准确的信息来改善用户体验，简化复杂任务，并帮助人们更好地管理他们的生活。

6.3 文档处理与智能创作

通义的文档处理与智能创作功能是指在处理文本内容时的一系列高级功能，旨在帮助用户更有效地管理和创造内容。这些功能通常包括但不限于文档摘要、内容优化、创意激发等，通过这些功能，通义能够显著提升文档处理和内容创作的质量与效率。

6.3.1 多种格式的文档处理

处理多种格式的文档是日常工作和学习中常见的需求，不同的文档格式适用于不同的场景。常用的文档格式有文本文件（.txt）、Word 文档（.doc，.docx）、Excel 工作簿（.xls，.xlsx）、PowerPoint 演示文稿（.ppt，.pptx）、PDF 文件（.pdf）等。

通义作为一个AI助手，本身并不直接处理或编辑文件，但它可以协助用户理解和生成多种格式文档的内容，如图6-7所示。

对于具体的文件操作，如打开、编辑或转换文件格式，用户通常需要使用相应的应用程序来完成，通义并不能直接完成相关操作。以下是用户向通义询问关于特定文档格式的操作方法的具体案例。

图 6-7

用户：

我想把一个PDF文件转换成PPT演示文档的形式，你能告诉我最便捷的方法吗？

通义：

将PDF文件转换为PPT演示文档，可以通过以下几种便捷的方式来进行：

使用Microsoft PowerPoint

如果你拥有最新版本的Microsoft PowerPoint，可以直接在PowerPoint中打开PDF文件。具体步骤如下：

打开PowerPoint。

创建一个新的空白演示文稿。

在菜单栏选择“插入”选项卡。

点击“幻灯片”下的“从PDF插入幻灯片”选项。

浏览并选择你想要转换的PDF文件。

根据需要选择整个PDF文件或是其中的部分页面，然后点击“插入”。

利用在线转换工具

有很多在线服务可以将PDF文件转换为PPT格式，例如Smallpdf、ILovePDF等。这些网站通常提供直观的界面，只需要上传PDF文件，即可一键转换为PPT。

访问一个在线转换网站。

选择“PDF to PPT”或类似的转换选项。

上传你的PDF文件。

等待转换完成后下载生成的PPT文件。

采用专业的PDF编辑软件

某些PDF编辑软件，如Adobe Acrobat Pro DC，也提供了将PDF转换为PPT的功能。

打开Adobe Acrobat Pro DC。

打开你想要转换的PDF文件。

选择“导出PDF”功能。

从列表中选择“Microsoft PowerPoint”作为导出格式。

按照提示完成转换过程，并保存转换后的文件。

手动创建PPT

如果PDF文件内容较为简单，或者你想要自定义转换后的PPT布局，可以选择手动创建PPT。

打开PowerPoint新建一个演示文稿。

逐页浏览PDF文件，将每一页的主要内容复制并粘贴到新的PPT幻灯片中。

对粘贴的内容进行适当的调整，使其适应PPT的展示需求。

无论选择哪种方法，一定要在转换后仔细检查生成的PPT文档，以确保所有的内容都被正确地转换，并且格式符合预期。如果PDF文件中有大量的图像或复杂的布局，可能需要额外的手工调整才能达到满意的视觉效果。

6.3.2 提炼文章概要与关键信息

通义具备提炼文章概要与关键信息的功能，可以帮助用户快速了解一篇文章的核心内容和要点。以下是使用这一功能时的一些基本步骤和方法。

（1）输入文本：将需要提炼的文章内容输入到通义中。

（2）请求提炼：明确告知通义需要对输入的文本进行摘要提取或关键信息提炼。

（3）获取结果：通义将根据输入的内容，分析其结构和语义，提取出最重要的信息，并以简明扼要的形式返回给用户。

例如，如果用户需要对一篇关于新技术发展趋势的文章进行摘要提取，可以按照以下步骤进行。

- 输入：将文章全文或其主要段落输入通义。
- 请求：明确指示通义生成文章概要。
- 结果：通义将返回一个包含文章核心观点、主要发现或结论的简短总结。

具体案例如图6-8所示。

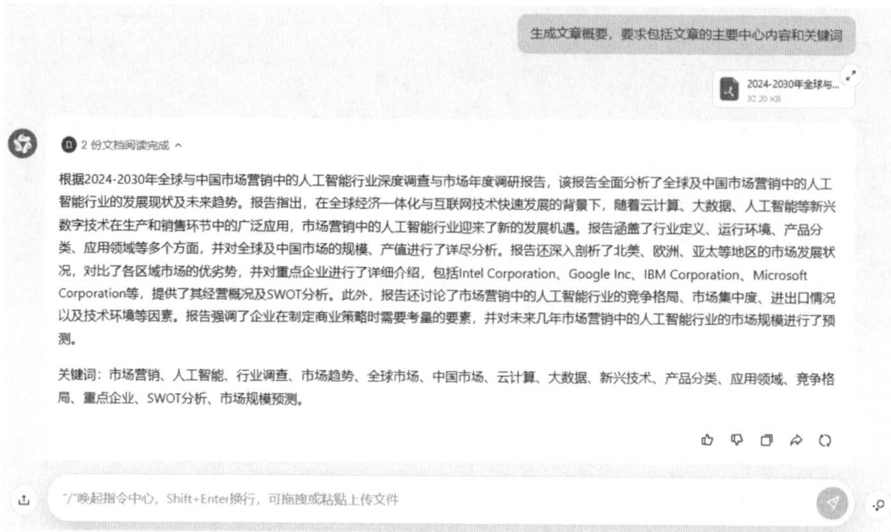

图 6-8

此功能特别适用于快速阅读大量文献、新闻报道或研究报告的场合，有助于节省时间，提高工作效率。通过提炼出的文章概要与关键信息，用户可以迅速掌握文章主旨，决定是否需要进一步深入阅读原文。

6.3.3 基于关键词的文案创作

“基于关键词的文案创作”功能可以帮助用户根据特定的主题或关键词生成相关的文案内容。此功能适用于多种场景，如撰写营销推广文案、创作博客文章、编写新闻稿等。用户只需提供一些关键词或主题信息，通义便能理解这些关键词的含义，并结合上下文语境生成符合要求的文字内容。

例如，如果需要为一款新产品撰写营销文案，可以提供诸如“创新技术”“用户体验”“环保材料”等关键词，通义将根据这些关键词，为用户创作出既能突出产品特点又能吸引目标受众注意力的文案。下面是具体步骤。

（1）提供关键词：用户输入或指定一组与文案主题相关的关键词。

（2）设定场景：描述文案的使用场景或目的，如是为了促销活动、产品发布会还是社交媒体宣传等。

（3）生成文案：通义基于所提供的关键词和场景描述，生成相应的文案内容。

用户可以根据自己的需求随时更改关键词，指令词越具体，就越能获得自己最理想的回答。

用户：

生成3～5个用以社交媒体宣传的文案，关键词为“健康饮食”“营养均衡”“生活方式改善”，语言风格要求自然亲切，字数控制在300字以内。

通义：

1. 文案示例

【拥抱健康，从每一餐开始】

你是否也渴望拥有充满活力的一天？从今天起，让我们的餐桌变得丰富多彩吧！尝试用新鲜蔬菜搭配优质蛋白质，不仅能满足味蕾，更能滋养身心。选择“健康饮食”，开启“营养均衡”的生活方式，你会发现，原来美好就藏在每一口食物之中。#健康饮食 #营养均衡 #生活方式改善

2. 文案示例

【吃得对，才能活得精彩】

忙碌的工作让我们常常忽略了身体的需求。但你知道吗？合理膳食是维持良好状态的关键。加入我们，一起探索那些既美味又营养的食谱吧！小小改变，大大不同。让我们一起朝着更健康、更美好的生活迈进。#健康饮食 #营养均衡 #生活方式改善

3. 文案示例

【让每一餐都成为生活的加分项】

你是否觉得日常饮食过于单调？不妨给自己一点小惊喜吧！尝试用五颜六色的食材装点你的盘子，不仅眼睛享受了美感，身体也将收获满满的能量。健康不是负担，而是一种选择。从现在开始，让我们一起享受“营养均衡”的“健康饮食”，迈向更高质量的生活。#健康饮食 #营养均衡 #生活方式改善

4. 文案示例

【平衡之美，始于舌尖】

想要拥有充沛精力应对每一天的挑战吗？那就从调整饮食习惯做起吧！合理的膳食搭配不仅能帮你保持体型，还能让你精神焕发。让我们一起行动起来，用“营养均衡”的“健康饮食”迎接每一个清晨，让每一天都充满无限可能。#健康饮食 #营养均衡 #生活方式改善

5. 文案示例

【吃得健康，过得自在】

生活中最简单的幸福往往来自一日三餐。为什么不让自己吃得更好一点呢？加入我们，学习如何在忙碌中也能享受“营养均衡”的美味佳肴。每一次咀嚼都是对自己最好的犒赏，也是对生活品质的不懈追求。#健康饮食 #营养均衡 #生活方式改善

这种功能使得文案创作变得更加高效且有针对性，尤其适合需要频繁产出高质量内容的市场营销人员或内容创作者。

6.3.4 创意激发与灵感推荐

除了根据关键词生成各种各样的文案，通义还可以帮助用户在创作内容、策

划活动或解决问题时获得新颖的想法和独特的视角。这一功能特别适用于需要创新思维的情境，如市场营销、广告创意、产品设计、内容创作等领域。以下是该功能的一些具体应用场景和使用方式。

1. 广告创意

假如赵明要制作一支电视广告，要求广告能够符合品牌定位和产品特性，还要在广告中体现出能够引起共鸣的故事线、视觉元素或情感表达手法，他可以这样下达指令。

赵明：

我现在要做一个电视广告，主题是传播“爱心和温暖”，出现的品牌产品是照明灯，请你为我想几个广告创意，要求：要有明显的感情故事线，引起观众的共鸣；视觉元素丰富、直观；情感表达大胆、热情四溢。

通义：

广告创意一：《点亮希望》

情节：一位小女孩在夜晚独自走在乡间小路上，四周一片漆黑，只有手中的小手电筒发出微弱的光。突然，远处一盏明亮的灯光吸引了她的注意，那是她家的方向。随着镜头推进，可以看到小女孩的家中，她的母亲正在使用品牌照明灯为家人准备晚餐，温暖的灯光照亮了整个厨房。小女孩兴奋地跑回家，与家人围坐在餐桌旁，共享温馨时光。

视觉元素：暗夜中的微光、明亮温暖的家庭灯光、幸福的家庭聚会场景。

情感表达：通过展现小女孩对家的渴望以及回到家中感受到的安全与温暖，传达出品牌照明灯带给人们光明与希望的信息。

广告创意二：《温暖相伴》

情节：深夜，一位老人独自一人在家，周围显得格外寂静。这时，窗外飘起了雪花，老人打开窗户欣赏雪景，但外面的寒冷让他不禁颤抖。突然，房内的品牌照明灯闪烁了几下，随后恢复了正常亮度。老人抬头望向灯光，仿佛感受到了某种安慰。随后镜头切换到邻居们相继打开自家的灯，整个小区逐渐亮了起来，形成一片光的海洋。

视觉元素：冬夜、雪花纷飞、明亮的灯光依次点亮。

情感表达：强调即便是在最孤独的时刻，品牌照明灯也能陪伴左右，带来温暖与安心。

广告创意三：《光影回忆录》

情节：一位老人翻阅旧相册，回忆起与已故老伴共同度过的美好时光。每当夜幕降临时，家中的品牌照明灯便会自动点亮，仿佛在提醒老人不要忘记曾经的快乐日子。随着镜头缓缓移动，我们可以看到墙上挂着的照片在灯光下逐渐变得清晰可见，每一张照片都承载着一段珍贵的记忆。

视觉元素：相册、照片墙、柔和的灯光。

情感表达：通过唤起人们对过往美好记忆的怀念，强调品牌照明灯不仅是照明工具，更是连接过去与现在的桥梁。

2. 产品设计

假如公司开发出了一款面向年轻消费者的电子手表，需要你分析当代年轻群体的特性，结合电子产品的“时尚”“轻便”“防水”“续航时间长”等特点想几个宣传活动来提高产品的知名度，你可以使用通义来寻找灵感和建议。

用户：

公司最近开发了一款面向年轻消费者的电子手表，请你分析当代年轻人的特性，重点突出产品的“时尚”“轻便”“防水”“续航时间长”等功能特点，想3个宣传活动，要求与AR技术结合，要有创新点。

通义：

活动一：AR时尚穿搭挑战

活动背景：利用AR技术打造虚拟试戴体验，让用户可以在手机或平板电脑上预览手表在不同服饰搭配下的效果。

活动内容：

线上挑战：参与者下载品牌专属APP，使用其中的AR试戴功能，选取自己喜欢的电子手表款式，并搭配自己的服装。之后，上传自己的搭配照片或视频到社交媒体平台，带上话题标签，如#时尚新主张#、#AR试戴挑战#等。

线下活动：在商场或大学校园内设置AR体验区，邀请路人现场体验AR试戴，并有机会赢取折扣券或其他礼品。

活动二：AR寻宝游戏

活动背景：结合年轻人喜欢探险的特点，设计一场AR寻宝游戏，参与者需要通过手表内置的AR应用寻找隐藏在城市各个角落的虚拟宝藏。

活动内容：

任务发布：每天在社交媒体平台上公布新的寻宝线索，引导玩家前往指定地点。

AR互动：到达指定地点后，通过手表上的AR功能扫描特定图案或二维码，解锁隐藏任务或宝藏位置。

奖励机制：成功找到宝藏的玩家可以获得限量版手表或其他奖品，并有机会在品牌官网上展示自己的寻宝经历。

活动三：AR健身挑战赛

活动背景：针对年轻消费者注重健康生活的方式，组织一次结合AR技术和运动的挑战赛。

活动内容：

挑战规则：参与者需佩戴电子手表参加一系列虚拟健身课程，课程内容通过AR技术展示，如虚拟教练带领跑步、瑜伽等。

打卡机制：完成每次课程后，手表会自动记录运动数据并通过AR技术生成个性化成绩单，鼓励参与者分享至社交平台。

互动环节：设置排行榜，根据完成任务数量和质量评选出优胜者，提供丰厚奖励，如高级运动装备、健康咨询套餐等。

这三个活动不仅突出了电子手表“时尚”“轻便”“防水”及“续航时间长”等特点，还巧妙地结合了AR技术，增加了趣味性和互动性，能够吸引更多年轻消费者的关注与参与。

借助这种方式，通义能够助力用户突破传统思维框架，激发无限创意潜能，凭借其强大的创新能力，使用户在各自的专业领域打造出更加卓越的作品与解决方案。

6.4 多媒体处理与理解

通义可以利用人工智能技术来处理和解析多种类型的媒体内容，具体包括输入描述生成画像、图片参考创作新画像、实时语音转文字和高效识别音视频内容4个方面，这些技术的结合使用能够极大地丰富多媒体产品的功能，提高用户体验，同时也为企业和个人提供了更多创造价值的机会。

6.4.1 输入描述生成图像

通义的智能体有专门关于“绘画”的功能，用户只需要输入相关的文字描述，通义就可以根据要求生成图像，包括彩绘、花鸟画、厚涂风等各种丰富多样的绘画风格，如图6-9所示。

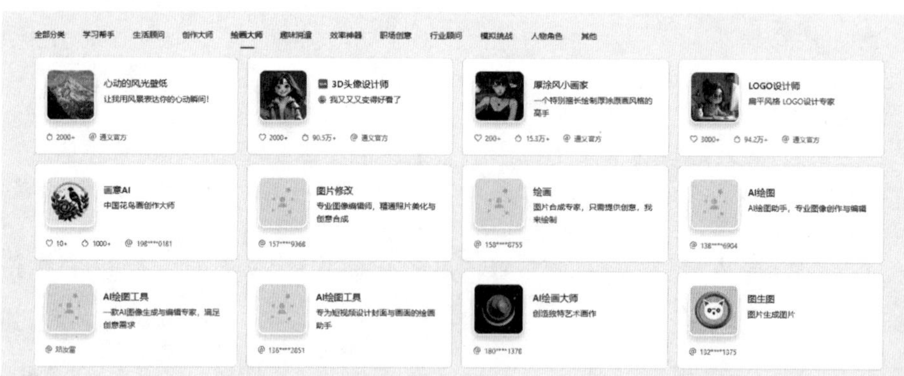

图 6-9

生成图像的基本步骤有以下几点，用户可以跟着步骤进行操作，可随时增加或更改自己的需求。

（1）明确需求：决定图像的主题或场景。

（2）准备描述：详细描述想要的画面，包括颜色、物体、背景等。

（3）选择工具：挑选合适的文字转图像工具（如通义万相）。

（4）输入描述：在工具中输入描述并设置参数。

（5）生成图像：提交描述，等待图像生成。

（6）查看与调整：检查图像，必要时修改描述，重新生成。

（7）保存或分享：保存满意的图像或分享给他人。

除此之外，如果对图像的分辨率（默认为1024*1024，也支持720*1280、1280*720）或者色彩布局等方面有详细要求的话，可以在文字描述中写清楚，方便通义接收到准确、具体的指令词。例如，可以描述一幅日落海滩的场景，或者任何其他想象中的画面，如下所示。

图 6-10

案例一

画面描述：“一个古老的灯塔矗立在岩石海岸上，背后是壮观的日落景色，天空中燃烧着橙红色的云彩，海浪拍打着岸边。图像大小是1024*1024。”生成的图画如图6-10所示。

案例二

画面描述：“一条安静的小路上，一个扎着双马尾的小女孩正蹲在路边的树上看蚂蚁搬家，背后是仙雾缭绕的青绿色的群山，正显示出生机盎然的模样。要求生成水彩画，图画大小适合当作书籍的插图。”生成的图画如图6-11所示。

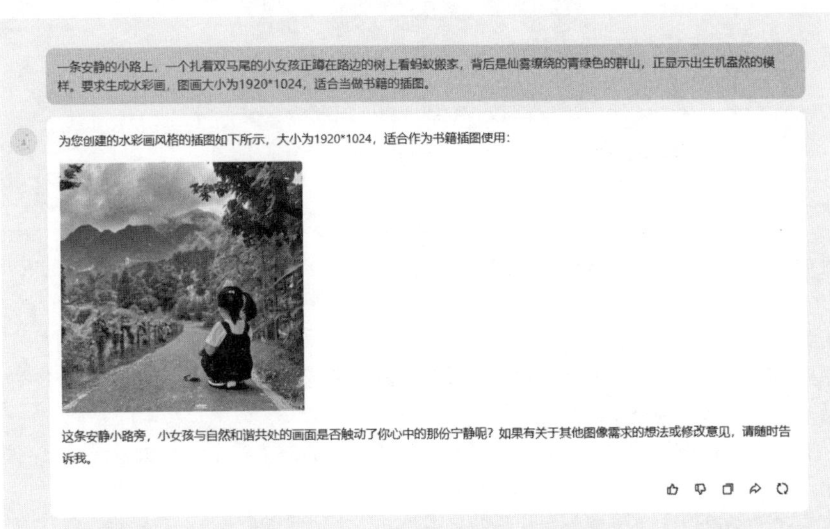

图 6-11

6.4.2 图片参考创作新图像

除了根据文字描述生成图像，通义还提供了根据图片参考创作新图像的功能。用户只需要给通义提供一张样图进行参考，很快就能得到一张新图像。

注意，为了帮助用户创作新的图像，用户需要提供一张或多张图片的链接或详细的描述，这样通义才可以更准确地理解用户的需求，并生成相应的图像。如果用户有具体的创意想法或想要融合某些元素，也可以一并告诉通义。以下是具体案例。

用户：

根据上述这张图，如图6-12所示，给我创作出一个新的图像，要求风格是粉笔画，动物的形象和动作都要跟上述这张图片有所不同。

图6-12

通义：

好的，我会为你描述一个新的粉笔画图像。这幅图像将展示一只不同于上述图片中的猫，它将是一只松鼠。

新的粉笔画图像描述：

动物形象：一只松鼠，毛色为棕色和白色相间，眼睛明亮，耳朵尖尖的。

动作：松鼠正坐在一棵树的树枝上，前爪抱着一颗坚果，似乎正在享用美食。

背景：背景是一片模糊的森林，树木和树叶用柔和的粉笔线条勾勒出来，给人一种宁静的感觉。

风格：整个图像采用粉笔画的风格，线条柔和，色彩温暖，给人一种温馨的感觉。

这幅粉笔画将展示松鼠在自然环境中的可爱姿态，与上述图片中的猫形成鲜明对比。

用户：

根据上面的图像描述生成一张新图吧。

通义：

这是根据您的描述生成的一张粉笔画风格的图像，展示了一只坐在树上的松鼠抱着一颗坚果进食的场景，背景是模糊的森林景色，给人一种温暖柔和的感觉，如图6-13所示。

图6-13

请注意，这是基于文字描述的艺术创作，可能与实际期望有所差异。希望它能够符合您的期待！

6.4.3　高效识别音视频内容

通义的"效率"区域包括"音视频速读"这一工具，这是一种能够对音频和视频内容进行快速、精准识别的技术。这一功能主要利用了先进的语音识别（ASR）技术和自然语言处理（NLP）技术，能够自动将音视频中的语音内容转换成文本形式，便于进一步的编辑、检索和分析。

以下是该功能的一些特点。

- 实时转录：可以在音视频播放的同时，几乎同步地将语音内容转换为文字，适用于直播、会议记录等场景。
- 高准确率：采用深度学习模型，对于不同方言、口音及专业术语都有较好的识别效果，确保转录结果的准确性。
- 多语言支持：支持多种语言的语音识别，满足国际化的沟通需求。
- 智能编辑：除了基本的语音转文字功能外，还可能提供自动标点添加、格式调整等智能编辑服务，使生成的文本更符合阅读习惯。
- 内容分析：不仅能转录语音，还能对内容进行关键词提取、情感分析等高级处理，帮助企业或个人更好地理解音视频内容的价值。

➢ 集成能力：通常这种功能会被设计成易于集成的形式，可以方便地嵌入到现有的企业级应用或平台上，如CRM系统、在线教育平台等。

这样的技术对于提高办公效率、辅助内容创作者整理素材、支持听障人士获取信息等方面都有着显著的作用，以下是具体案例展示。如图6-14所示，用户利用“音视频速读”“语音转文字”功能将一首音乐的音频转换成了文字，还生成相应的思维导图，十分方便快捷。

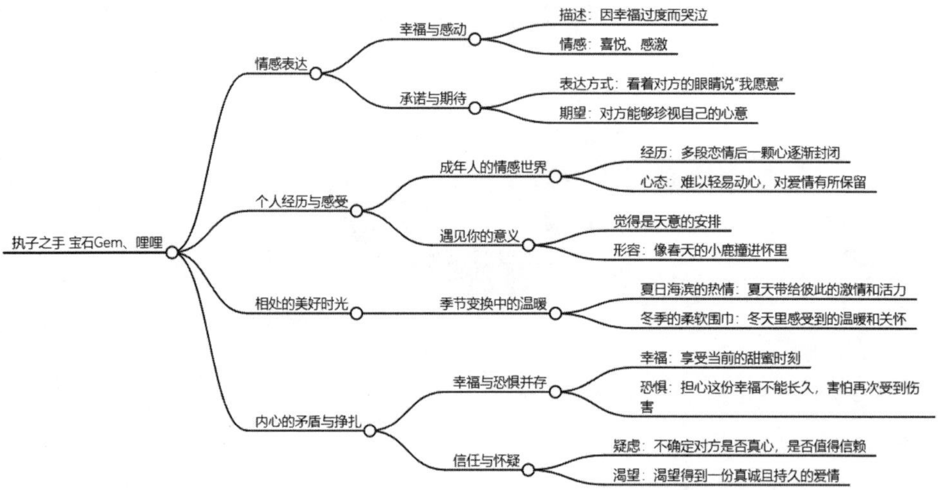

图 6-14

第 7 章　智谱清言：智能化服务新选择

在人工智能技术飞速发展的今天，一款名为“智谱清言”的AI助手应运而生，为我们的生活、工作和学习带来了前所未有的便捷。智谱清言，作为一款基于千亿参数对话模型GLM-4开发的人工智能助手，以其强大的语言处理能力、全天候运行和多平台支持的特点，成为智能化服务的新选择。

7.1 智谱清言基础介绍

智谱清言是北京智谱华章科技有限公司推出的生成式AI助手，它基于智谱AI 公司于2024年联合训练的语言模型GLM-4开发而成，其主要任务是针对用户的问题和要求提供适当的答复和支持。

7.1.1 认识智谱清言

智谱清言作为一款基于先进语言模型GLM-4开发的人工智能助手，具备以下显著特点。

- 强大的语言处理能力：智谱清言基于大型语言模型GLM-4，能够深入理解用户的问题和要求，并给出恰当的回答。它能够处理复杂的语言结构，包括自然语言中的隐喻、俚语和非正式表达。
- 全天候运行：作为一款在线服务，智谱清言可以24小时不间断地提供服务，不受时间和地点的限制。用户可以在任何需要的时候访问智谱清言，获取所需的信息和帮助。
- 多平台支持：智谱清言支持多平台使用，包括PC端、手机端、微信小程序等，方便用户在不同设备上使用。这种跨平台兼容性确保了用户能够随时随地与智谱清言互动。
- 开放的接口：智谱清言提供了开放的API，允许其他应用程序和系统轻松集成其服务。这为开发者提供了极大的灵活性，可以创造更多定制化的应用场景。

7.1.2 智谱清言的主要功能

智谱清言凭借卓越的性能，为用户提供了一系列实用功能，涵盖通用问答、多轮对话、虚拟对话、创意写作、代码生成、信息归纳总结、视频通话等领域。

1. 通用问答

智谱清言能够快速、准确地识别出用户提出的各类问题，并提供即时、准确的答案和信息，覆盖面非常广泛，包括科技、历史、地理、文化等各个领域。例如，用户问“量子计算机是如何工作的？”智谱清言会解释量子比特和量子叠加原理，以及量子计算机与传统计算机的区别，如图7-1所示。

用户_UQZfQP

量子计算机是如何工作的?

ChatGLM

量子计算机是一种利用量子力学原理进行高速运算的设备。它与传统的经典计算机在基本工作原理上有很大的不同。以下是量子计算机工作方式的一个概述：

量子位（Qubits）

- **基础单位**：量子计算机的基础单位是量子位（qubit），与经典计算中的位（bit）相对应。但与只能处于0或1状态的位不同，量子位可以同时处于0和1的叠加态。
- **叠加态**：叠加态是量子位可以同时表示0和1的能力，这意味着一个量子计算机可以同时处理大量的数据。

量子纠缠

- **定义**：量子纠缠是量子位之间的一种特殊关联。当两个量子位处于纠缠态时，对其中一个量子位的测量会立即影响到另一个量子位的状态，即使它们相隔很远。
- **作用**：纠缠态使得量子计算机在处理信息时能够实现高度的并行性。

量子门

- **功能**：量子门是执行量子位基本操作的单元，类似于经典计算中的逻辑门。量子门可以改变量子位的叠加态和纠缠状态。
- **种类**：常见的量子门包括Hadamard门、CNOT门等。

工作流程

1. **初始化**：首先将量子计算机的量子位初始化为已知状态。
2. **量子叠加**：通过量子门操作，使量子位进入叠加态。
3. **量子纠缠**：通过量子门操作，使量子位之间形成纠缠关系。
4. **运算操作**：执行一系列量子门操作，进行所需的计算。
5. **测量**：计算完成后，对量子位进行测量。由于量子位的叠加和纠缠特性，测量结果可能是多个可能结果的叠加，需要通过多次测量来获取准确结果。

图 7-1

2. 多轮对话

智谱清言的对话能力堪称一流，它能与用户进行自然、流畅的交流，为用户提供高效、贴心的沟通体验。进行多轮对话通常需要遵循以下步骤，这里以智谱清言为例。

（1）启动对话：启动智谱清言应用或访问服务界面，发起对话提问或提出话题。

（2）等待回应：智谱清言将针对用户的问题或话题给出回应。

（3）继续对话：根据回应，用户可以深入提问或讨论，详细描述以获得更准确回答。

（4）上下文理解：智谱清言会记住对话上下文，基于之前的内容进行回应。

（5）使用提示：提问时提供关键词或提示，引导对话方向。

（6）结束对话：问题解决或讨论结束后，表达感谢或告别以结束对话。

3. 虚拟对话

根据用户需求，智谱清言可以扮演不同角色，如专业人士、故事角色、历史人物等，互动体验大大增强，能让用户在互动中感受到人工智能的魅力。

例如，在“作家聊天群”智能体中，用户可以近距离地与一些知名的“作家”展开有趣的对话，如图7-2和图7-3所示。

图 7-2

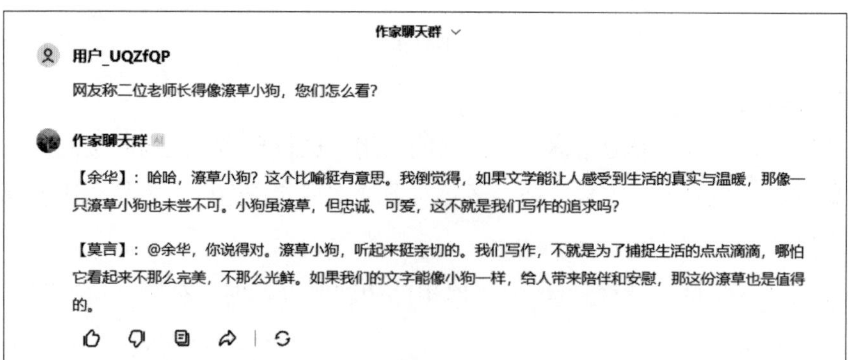

图 7-3

4. 创意写作

智谱清言能够轻松应对各类写作需求，协助用户进行创意内容的生成，包括提供写作灵感、撰写内容框架及高质量文案等，让用户的创作效率和质量大大提升。

5. 代码生成

对于编程爱好者，智谱清言还能提供编程语言的代码编写、调试和解释服务，并根据用户的实际需求给出合理的编程建议，帮助用户解决编程问题和优化代码。

6. 信息归纳总结

智谱清言能够对大量文本信息进行快速阅读和理解，提炼关键信息，为用户提供简洁的总结。假如你现在要整理一篇研究报告，而且时间很紧张，可以将它交给智谱清言，不到一分钟，智谱清言就能迅速整理出报告的核心内容和关键词，如图7-4所示。

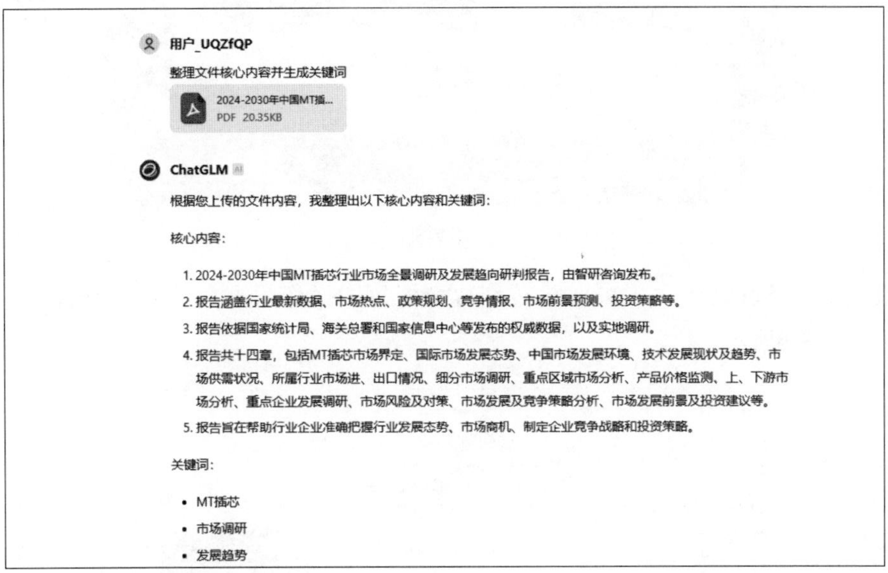

图 7-4

7. 视频通话

智谱清言支持视频通话，这使得用户可以进行面对面的远程交流，适用于会议、咨询、教育等多种场景。

注意：目前智谱清言的AI视频通话功能只能在智谱清言App上使用。

7.1.3　智谱清言注册登录

智谱清言有计算机官网版和手机App版本，为了方便提供操作案例，将以计算机官网版进行智谱清言使用指南的详细讲解，后续的案例也以计算机官网版的智谱清言为准。

（1）在浏览器中搜索“智谱清言”，找到官网并进入，会自动跳转到图7-5所示的登录界面。智谱清言提供“微信扫码登录”和“手机号登录”两种登录方式，用户可根据自己的喜好和习惯任选一种方式进行登录。

图 7-5

（2）登录成功后，页面跳转到智谱清言的操作界面，用户可在此进行操作，如图7-6所示。

图 7-6

7.1.4 智谱清言页面介绍

由图7-6可以看出，智谱清言的操作页面非常简单，共由3个板块构成，分别是中间的内容区域、底部的对话框和左侧的侧边栏。

1. 内容区域

内容区域展示了与“靠谱青年用清言”相关的信息，预告了即将上线的“视频通话功能”，还包括一些当下的实时新闻标题和链接、相关资讯或文章，方便用户阅读和了解，一键直达，十分方便。例如，秒懂热点——“iPhone不支持微信？微信反制的‘苹果税’究竟是什么？”等新闻标题。

2. 对话框

底部的对话框通常用于用户的输入和交互。在这个界面中，底部的对话框可能具有以下作用。

- 用户输入：用户可以在对话框中输入文本，如搜索关键词、提问或下达指令词。
- 交互功能：对话框支持与AI的交互，例如，用户可以提问，AI会根据用户的问题提供相应的回答或信息。
- 命令执行：用户可以通过输入特定的命令来执行某些操作，如调用AI搜索功能、请求生成视频等。
- 反馈和帮助：用户可以通过对话框获取帮助信息，或者向智谱清言提供反馈和建议。
- 导航：在某些情况下，对话框还支持导航功能，允许用户通过输入特定的指令或关键词来访问网站的不同部分或功能。

底部的对话框是用户与界面交互的主要方式之一，通过输入文本和执行命令，用户可以更有效地使用智谱清言提供的功能和服务。

3. 侧边栏

侧边栏包含多个选项，如ChatGLM、AI搜索等，这些是智谱清言提供的主要功能和服务，可以方便用户快速导航到不同的页面或功能。除此之外，侧边栏底部的智能体中心还包括生活、学习、职场等多个场景，能满足用户各种各样的需求。用户可以在闲暇之余一一尝试，使用过的智能体会直接显示在侧边栏空白区域。

7.2 教育领域

在当今时代，AI技术的飞速发展正深刻影响着各行各业。教育领域作为国家发展的基石，也在不断探索与人工智能的结合。下面将从智能辅导、在线教学、教育资源整合3个方面详细介绍智谱清言在教育领域的应用。

7.2.1 智能辅导

在教育的长河中，教师与学生之间的互动一直是教学的核心。智能辅导，作为教育领域的一项创新技术，正在逐渐改变传统教学中难以做到因材施教的学习模式。智能辅导具备人工智能的强大算法和数据处理能力，能够通过精准的数据分析和智能推荐，为学生量身打造学习方案，提供有针对性的辅导。

例如，学生在遇到不认识的单词或者总是觉得背记单词枯燥乏味时，智谱清言可以展示其拆分过程， 并以AI绘画辅助记忆，这不仅增加了学习的趣味性，还能帮助学生深化记忆，如图7-7所示。

图 7-7

案例描述：小明是一名初中生，他在数学几何题上总是失分。通过智谱清言的智能辅导系统，小明的学习数据被分析后，系统发现他在理解几何定理和应用方面存在困难。于是，系统为他推荐了一系列关于几何定理的视频讲解和针对性练习题。

图7-8是智谱清言根据案例描述生成的用户与智谱清言问答的简单场景，读者可以将其当作模板进行参考，以探索出最适合自己的个性化学习方案。

综上所述，智谱清言的智能辅导功能不仅能够提高学生的学习效率，还可以减轻教师的工作负担，实现了教育的个性化与智能化。在未来，随着技术的不断进步，智能辅导将在教育领域发挥更大的作用，为培养更多优秀人才贡献力量。

ChatGLM

用户（小明）：嗨，智谱清言，我是一名初中生，最近在数学考试中，几何题总是让我头疼，我在这方面丢了很多分，你能帮帮我吗？

智谱清言：当然可以，小明。首先，我会分析你之前的学习数据，包括你的练习题和考试情况，来找出你在几何学习中的具体困难。请稍等，我现在就开始分析。

（分析完成后）

智谱清言：小明，经过分析，我发现你在理解几何定理和应用方面似乎有些困难。特别是在证明题和空间几何问题上，你经常会出现错误。我会为你推荐一些有助于加强这些知识点的学习资源。

用户（小明）：太好了，那我要怎么做才能提高呢？

智谱清言：我为你准备了一系列关于几何定理的视频讲解，这些视频会帮助你更好地理解几何的基本概念和定理。此外，我还挑选了一些针对性的练习题，你可以通过这些练习题来巩固你的几何知识。

用户（小明）：听起来不错，那我从哪里开始呢？

智谱清言：你可以从"几何基础"模块的视频讲解开始，这些视频会从最基础的几何概念讲起，帮助你建立扎实的几何知识框架。观看完视频后，你可以尝试完成我为你挑选的练习题。

用户（小明）：好的，我会按照你的建议去做。如果我做练习题的时候还是不会怎么办？

智谱清言：别担心，我在这里随时为你提供帮助。如果你在练习题中遇到困难，可以使用智能问答功能向我提问。我会根据你的问题给出提示或者详细的解答。记住，学习是一个循序渐进的过程，不要急于求成。

（一段时间后）

用户（小明）：智谱清言，我按照你的建议学习了一段时间，我觉得我对几何定理的理解更深刻了，做练习题也更有信心了。

智谱清言：很高兴听到你的进步，小明。这说明你的努力正在得到回报。我会继续监测你的学习进度，并根据你的表现调整学习计划，确保你能够持续提高。

用户（小明）：太感谢你了，智谱清言。我现在对几何题不再那么害怕了，下次数学考试我一定能够取得更好的成绩！

智谱清言：加油，小明！我相信你一定可以。如果你在未来的学习中遇到任何问题，记得随时来找我。我会一直在这里支持你。

图 7-8

7.2.2 在线教学

随着互联网的普及，在线教学作为一种新兴的教育模式，已经成为全球教育领域的重要组成部分。智谱清言可以集成到支持视频通话的平台上，如在线会议软件、教育平台等，从而实现在线教学的功能。例如，可以将智谱清言集成到Zoom、腾讯会议或其他教育软件中，利用这些平台的视频通话功能进行在线教学。

要将智谱清言集成到支持视频通话的平台上，通常需要通过API或特定的集成工具。因为这通常涉及专业的软件开发知识和对目标平台API的熟悉，编者在这里仅提供一个大致的集成流程。

（1）了解平台API：首先，需要了解目标平台的API文档。这些文档通常会提供关于如何集成第三方服务的详细信息。

（2）获取API密钥：大多数平台都需要用户注册以获取API密钥或令牌，这是访问其服务的凭证。

（3）开发集成模块：根据平台提供的API，需要开发一个集成模块。这可能涉及编写代码，以实现智谱清言与视频通话平台之间的通信。

（4）测试集成：在开发完成后，进行测试以确保集成模块按预期工作。这可能包括模拟视频通话和测试智谱清言的功能。

（5）部署和监控：一旦测试成功，将集成模块部署到实际环境中。之后，持续监控集成系统的性能和稳定性，确保其在实际使用中表现良好。

7.2.3 教育资源整合

教育资源整合是提高教育质量的关键环节。智谱清言在教育资源整合方面的应用主要体现在它可以作为智能教学助手。智谱清言能够解答学生的疑问，提供个性化的学习建议和资源推荐，帮助学生更好地理解和掌握知识。通过这种方式，智谱清言能够有效地整合教育资源，提升教育质量和效率。

例如，假如你是一个初二的学生，数学函数知识点一直弄不明白，也不知道去哪里找相应的习题训练，借助智谱清言，能很快得到相关的整合资源，如下所示。

学生：

你能帮我整理一些关于初中函数的高频习题册或网站吗？

智谱清言：

关于初中函数的高频习题册，以下是一些推荐：

《一课一练》：由华东师范大学出版社出版，这是一本课后配套训练型纯习题册，题目难度整体中等，适合用于及时提升和巩固知识。

……

《典中点》：这本书的题目难度较《一课一练》稍难，适合分数在80/120之间的学生使用。题目主要来源于各地中考、期末、期中大考的真题，适合必考题型训练。

《知识清单 初中知识点清单》：由首都师范大学出版，这本书虽然更适合老师使用，但对学生来说也是一个很好的资源，尤其是对于那些想要梳理和复习知识点的学生。

这些习题册在初中数学教育中非常流行，可以帮助学生更好地理解和掌握函数相关的知识点。您可以根据自己的需求和学习情况选择合适的习题册。

除此之外，如果用户是从事教学活动的老师或者教研人员，也可以利用智谱清言来节省自己搜索资料的时间，以此来提高工作效率，如下所示。

7.3 创意与写作

在创意与写作领域，AI可以辅助创作，提供灵感，优化文本结构，提高写作效率，进行语言翻译和润色，以及个性化内容生成，发挥着不可忽视的重要作用。下面将从文案创作、内容生成和风格模仿这3个方面深入探讨智谱清言在创意与写作领域的应用。

7.3.1 文案创作

智谱清言的文案创作功能，可以帮助用户快速生成高质量的文案。用户只需输入关键词和主题，系统便会自动生成多种文案供其选择。例如，在撰写广告文案时，智谱清言可以根据产品特点和市场定位，生成具有吸引力的文案，提高广告效果，如图7-9所示。

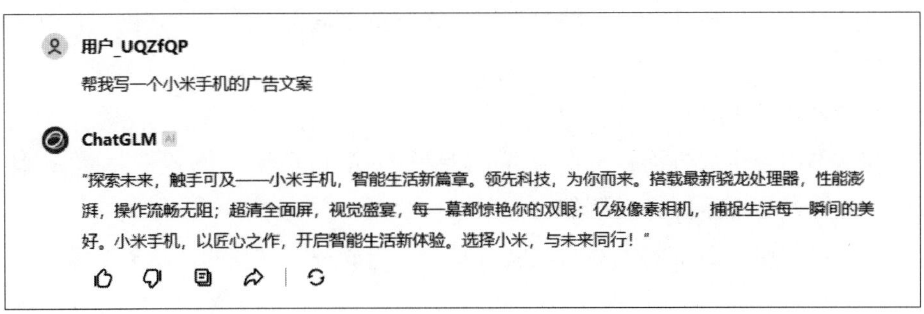

图 7-9

1. 文案创作基本步骤

智谱清言作为一款基于人工智能的文案创作工具，主要通过以下步骤帮助用户进行文案创作。

（1）需求输入：用户输入文案的基本需求，如主题、风格、字数等。

（2）指令下达：用户通过指令词口令告诉AI具体要生成的文案类型。

（3）内容生成：AI根据用户需求生成初步文案。

（4）修改完善：用户对生成的文案进行审查和修改。

（5）最终确认：用户确认文案满意后，完成创作过程。

使用智谱清言进行文案创作，不仅能够提高效率，快速生成文案，还有利于激发用户灵感、提升创作水平。例如，智谱清言能够根据用户需求定制文案风格和内容，还可以提供专业的文本结构和语言表达建议。

2. 指令词口令

➢ “生成一篇关于健康饮食的博客文章，800字，专业科普风格。”

➢ “为我撰写一份节日促销活动的广告文案，要吸引年轻人。”

➢ “创建一个针对新产品的社交媒体宣传文案，要求幽默风趣。”

➢ “编写一封求职信，针对市场营销职位，强调创意和执行力。”

➢ “生成一篇旅游攻略，介绍巴黎的必去景点，字数不限。”

通过上述这些案例和指令词口令，智谱清言能够理解用户的具体需求，并据此生成符合要求的文案内容。用户可以根据自己的实际需求进行调整和使用。

7.3.2 内容生成

内容生成功能是指利用AI技术自动创建文本、图像、音频或视频内容的能力。在文案创作和数字营销领域，这一功能尤其有用，用户只需提供大纲和要点，系统便会按照指定结构进行内容填充，高效地生产各种形式的内容。

以下是内容生成功能的一些关键点，智谱清言通过以下方式帮助用户进行内容生成。

1. 文本内容生成

在文本内容生成方面，智谱清言可以撰写文章和博客，生成广告文案，制作报告，以及撰写电子邮件。例如，如果用户需要一篇关于环保主题的文章，智谱清言可以根据用户给定的关键词和风格要求，生成一篇完整的文章。

用户：

写一篇关于环保主题的短篇文章，写作风格要严肃，有号召力，字数500字左右。

智谱清言：

环保：我们共同的责任

随着科技的进步和工业的发展，人类的生活水平不断提高，但同时也带来了严重的环境问题。空气污染、水污染、土地荒漠化等问题日益严重，已经对人类的生存和发展构成了严重的威胁。环保，已经成为我们共同的责任。

环保，就是保护我们共同的家园——地球。地球上的资源是有限的，如果我们不加以保护和合理利用，就会面临资源枯竭的危险。同时，环境污染也会对人类的健康造成严重的影响。因此，环保不仅是为了我们自己，也是为了我们的子孙后代。

环保，需要我们每个人的参与。从日常生活做起，我们可以做到节约用水、节约用电、减少废物产生等。这些都是我们每个人都能做到的小事，但却能对环保产生积极的影响。

环保，也需要政府的支持和企业的参与。政府应该制订更加严格的环保法规，加强对环境污染的监管。企业应该采取更加环保的生产方式，减少对环境的污染。

环保，是一项长期的任务，需要我们每个人的共同努力。让我们携手共进，为保护我们共同的家园——地球，做出我们应有的贡献。

2. 图像和视觉内容生成

在图像和视觉内容生成方面，智谱清言的能力更为突出。智谱清言可以根据用户的描述生成原创图片，设计Logo、海报、网页布局等设计元素，以及剪辑和生成短视频，包括动画和视觉效果。

例如，如果用户需要一张描述一场冬日雪景中孩子们欢快玩耍的图片，智谱清言可以根据这个描述生成一张符合要求的图片，如图7-10所示。

图 7-10

如果不知道怎么描述，可以上传一张图片当作参考图，也可以利用智谱清言自备的智能体“清影提示词”，这是一个专门用来生成描述指令词的小部件，支持中英文两种语言。如图7-11所示，用户可以输入“视频主题”和“场景描述”。

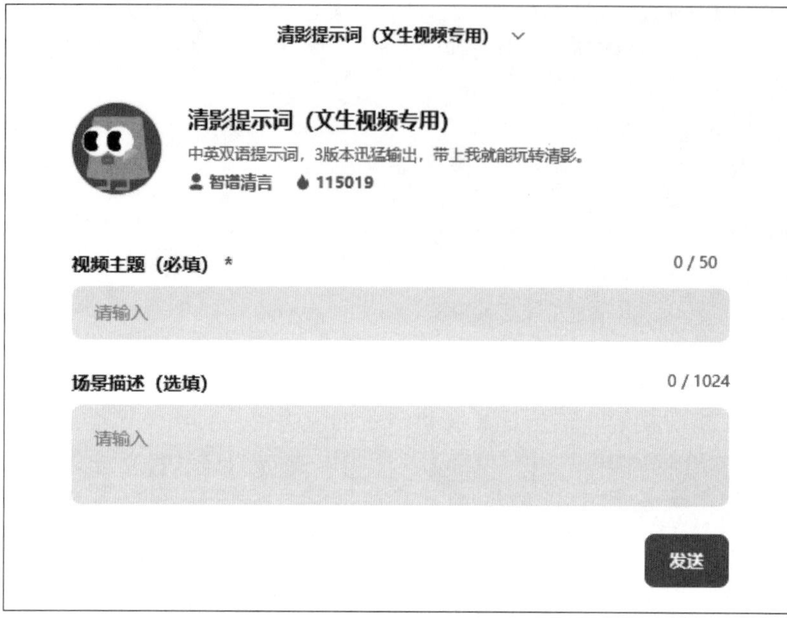

图 7-11

用户：

视频主题：中秋佳节全家团圆

场景描述：和睦的一家坐在院子里的石桌旁，吃月饼、赏月亮，一派其乐融融的场景。

智谱清言：

我为你选取了 3 个风格：水墨画风格、电影胶片感风格、现代艺术风格，是否可以？

提示词1：水墨画风格（Ink Painting Style）

中文：在宁静的夜晚，使用水墨画风格拍摄，一个和睦的家庭坐在院子里，石桌上摆满了月饼和茶。他们抬头赏月，脸上洋溢着幸福的笑容。镜头从侧面拍摄，背景是淡雅的山水画，气氛温馨，高分辨率，

英文：In a tranquil night, captured in the style of traditional Chinese ink painting, a harmonious family sits in their courtyard, surrounded by mooncakes and tea on a stone table. They look up at the moon, their faces glowing with happiness. The camera captures the scene from the side, with a backdrop of delicate landscape paintings, creating a warm and high-resolution atmosphere.

……

您是否需要更换 3 个风格？如果不需要，请复制你喜欢的提示词到清影使用。

选取自己喜欢的视频风格，将其复制到描述框中，即可生成如图7-12所示的高质量图片。

图 7-12

3. 音频内容生成

在音频内容生成方面，智谱清言同样表现出色。智谱清言可以生成原创音乐曲谱，将文本转换成自然听起来的语音，以及为视频和其他媒体创建音效。例如，如果用户想为自己的愉快旅行写一首歌作为纪念，可以使用智谱清言生成一个符合要求的曲谱。

用户：

我想写一首关于旅行的歌，应该怎么描述我的感受？

智谱清言：

你好，我是你的灵感曲谱，一键生成符合你情感与风格的歌词。关于旅行的歌，我们可以从旅途中的风景、心情变化、遇见的人和文化体验等方面来描述。请告诉我你想要表达的具体情感，比如是自由、兴奋、孤独还是怀旧等，以及你想要的歌词风格，比如是抒情、流行、摇滚等。这样我可以更准确地为你生成歌词。

用户：

抒情、浪漫，对美好生活的向往。

智谱清言：

好的，明白了。你想要一首抒情、浪漫风格，表达对美好生活向往的旅行主题歌词。我将为你创作这样的歌词。稍等片刻。

[前奏] 在晨光中启程，心中充满憧憬 背包里装满了梦，踏上未知旅程

[主歌] 走过千山万水，看遍世间繁华 每一片云彩，都绘着自由的画 我在这路上，寻找着生活的答案 每个陌生微笑，都让我心跳加速

[桥段] 星辰大海，不再只是遥远的梦想 我在这广阔天地，尽情地飞翔 每个日出日落，都是生命的礼赞 我用心感受，这世界的温暖

[预副歌] 向往那美好生活，如诗如画 在旅途中，我找到了自己的方向 每个瞬间，都值得被铭记 在风中，在雨中，我自由地呼吸

……

[尾奏] 在夕阳下，我轻轻唱着这首歌 向着远方，继续我的旅行 生活美好，尽在眼前 每一步，都是新的开始

[结束] 旅程继续，梦想不息

智谱清言的内容生成功能是一项非常实用的工具，该功能可以根据用户需求，自动生成文章、报告、演讲稿等文本内容，同时也可以帮助用户创作出高质量的图片、视频和音乐。

7.3.3 风格模仿

在写作过程中，有时会需要模仿特定风格以适应不同场景。智谱清言的风格模仿功能，可以快速掌握用户所需的写作风格，并生成相应文本。例如，不论用户是需要撰写一篇幽默风趣的文章，还是需要撰写热情、有号召力的演讲稿，智谱清言都能根据相应的关键词，生成符合要求的文本。

1. 风格模仿的详细步骤

智谱清言帮助用户进行风格模仿的功能通常涉及以下详细步骤。

（1）选择风格模板：用户首先需要在智谱清言的工具中选择或输入希望模仿的风格模板。这可能是一个著名的作家、公众人物、品牌或者特定的文本风格。

（2）输入内容要求：用户输入需要生成文案的主题、目的、关键词等基本内容要求。

（3）提供参考文本：如果可能，用户可以提供一些参考文本，这些文本将帮助智谱清言更好地理解并模仿所需的风格。

（4）下达风格模仿指令：用户通过指令词口令明确告诉AI需要模仿的特定风格。

（5）内容生成：AI根据用户的要求和指令生成文案，尽量模仿用户指定的风格。

（6）审查与调整：用户审查生成的文案，判断其风格是否与目标风格相符，并进行必要的调整。

（7）最终确认：用户对模仿风格满意的文案进行最终确认，完成创作

过程。

2. 常见案例和指令词口令

案例一 模仿经典文学作品：生成一段文案，模仿莎士比亚或鲁迅的写作风格。

用户：

生成一段文案，模仿莎士比亚或鲁迅的写作风格。

智谱清言：

IMITATING SHAKESPEARE:

Oh, woe betide the weary soul who traverses this mortal coil, seeking solace in the shadows of sorrow! For in this realm of fleeting dreams, where time’s relentless march doth tread upon our tender hearts, do we find the bitter taste of life’s fleeting joys. Alas, poor creature, thou art akin to a leaf caught in the tempest’s wrath, tossed hither and tither by fate’s cruel hand. Yet, in this grand tapestry of woe, there lies a spark of divine light, a glimmer of hope that doth guide us through the darkest night. So, arise, O noble spirit, and face the storm with valor, for in thy breast beats the heart of a lion, undaunted and unyielding!

IMITATING LU XUN:

在这茫茫人海之中，我犹如一叶孤舟，漂泊无依。岁月如梦，人生如戏，我国民众，尚在沉睡之中。苍天啊，何其不仁，竟让这世间充满苦难！然我国之青年，肩负重任，当奋发向前，唤醒沉睡之民族。吾辈当以笔为剑，刺破黑暗，探寻光明。纵使前路荆棘丛生，亦应勇往直前，无畏无惧。愿吾国之青年，如雄鹰展翅，翱翔于碧空之上，照亮这漫漫黑夜！

案例二 模仿名人演讲：撰写一篇演讲稿，模仿马丁·路德·金的鼓舞人心风格。

用户：

撰写一篇演讲稿，模仿马丁·路德·金的鼓舞人心风格。

智谱清言：

尊敬的各位同胞，女士们、先生们：

今天，我们站在这片充满希望的土地上，共同聆听自由与正义的呼声。在这个历史性的时刻，我要对你们说，不要害怕，不要气馁，因为我们终将迎来光明的未来。是的，我的朋友们，我有一个梦想，一个深深植根于我国人民心中的梦想。

我梦想有一天，这个国家会站立起来，真正实现其立国信条的真谛："我们认为这些真理是不言而喻的，即所有人生而平等。"我梦想有一天，在我国的土地上，不再有歧视和偏见，我们的孩子能够在一个不以肤色，而以品格和才能来评价他们的世界中成长。

……

我知道，前进的道路充满挑战，但我们不能退缩。因为我们深知，自由和正义的曙光，就在那遥远的彼岸。我们要携手同行，团结一心，为了我们的孩子，为了我们的未来，为了我们心中的梦想。

让我们共同发出誓言：我们不会放弃，我们不会屈服，直到有一天，我们的梦想成为现实。让我们在信仰的旗帜下，勇往直前，迈向那光辉的未来！

谢谢大家！愿上帝保佑我们！

指令词口令举例如下：

“生成一篇模仿海明威风格的短篇小说，主题是勇气。”

“为我撰写一封模仿乔布斯演讲风格的邀请函，主题是创新。”

“创建一个模仿可口可乐广告风格的社交媒体文案，要求温馨、家庭导向。”

“编写一篇模仿王小波幽默风格的博客文章，讲述现代都市生活。”

“生成一段模仿TED演讲风格的介绍，关于未来教育的变革。”

……

通过上述这些案例和指令词口令，智谱清言能够根据用户的需求，生成符合特定风格的内容，帮助用户在文案创作中实现特定的风格模仿。

7.4 日常生活与娱乐

随着科技的飞速发展，AI技术已经深入到我们日常生活的方方面面，其在日常生活与娱乐领域的应用日益普及。这种技术的融入，不仅为我们带来了前所未有的便捷服务，也在无形中提升了我们的生活品质。接下来，将详细从智能问答、生活助手、娱乐互动、健康咨询这4个维度，为大家一一揭晓智谱清言的强大功能。

7.4.1 智能问答

智谱清言的智能问答功能，可以解答用户在生活中遇到的各种问题。无论是天气预报、交通信息，还是菜谱推荐、生活窍门，智谱清言都能迅速给出答案，为用户提供便捷的生活服务。

1. 智能问答的特点

智能问答系统的特点主要包括以下几个方面。

➢ 即时响应：智能问答系统能够在短时间内对用户的问题给出回应，大大减少了用户等待答案的时间。

➢ 信息量大：系统通常拥有庞大的知识库，能够提供广泛的信息，满足用户多样化的查询需求。

➢ 准确性：通过自然语言处理技术，智能问答系统能够理解用户的问题，并给出准确的答案。

➢ 互动性：系统能够与用户进行一定程度的互动，通过对话的形式来澄清问题或提供更精确的答案。

➢ 可扩展性：智能问答系统可以不断更新和扩展知识库，以适应不断变化的信息需求。

➢ 个性化：系统可以根据用户的历史提问和偏好，提供个性化的答案和建议。

2. 具体案例

智谱清言大模型（GLM-4）支持多种语言任务，如问答、翻译、情感分析等，适用于教育、科研、客户服务、内容创作等多个领域。以下是关于“智能问答”的具体案例。

如果你还在为自己的穿衣打扮而烦恼，不知道怎么穿会给面试官留下一个好印象，不知道上班该怎么穿才更舒适、得体，以及不知道怎样才是最适合自己的穿衣风格等，可以直接询问智谱清言，它会根据你提供的信息帮你选出最合适的穿搭，并提供相关的图片以作参考，如下所示。

用户：

周末和朋友聚会，想穿得时尚又舒适，有什么建议？

智谱清言：

周末和朋友聚会，选择时尚又舒适的穿搭是个不错的选择。为了更好地为你提供建议，请告诉我你的性别、年龄范围以及你所在地的天气情况。此外，如果你有特别喜欢的风格或颜色，也请一并告诉我。这样我可以为你提供更加个性化的建议。

用户：

性别女，年龄25岁，个子较小，微胖，请你为我提供一些休闲、得体的穿搭建议。

智谱清言：

感谢你提供的信息。对于25岁的女性，个子较小，微胖的身材，休闲又得体的穿搭可以尝试以下几个建议。

上衣选择：可以选择合身的T恤或宽松的衬衫。避免过于紧身的上衣，选择稍微宽松的款式可以更好地修饰身材。浅色或亮色的上衣可以增加活力感。

下装选择：高腰的牛仔裤或休闲裤是不错的选择。高腰设计可以拉长腿部线条，让身材看起来更加修长。直筒或微喇的裤型可以很好地修饰腿型。

外套选择：可以选择一件轻便的外套，如牛仔外套或休闲夹克。这样的外套既实用又时尚，适合应对各种天气变化。

……

颜色搭配：可以选择一些柔和或明亮的颜色，如粉色、蓝色或黄色。这些颜色既时尚又不会过于张扬。

请根据你的喜好和实际需求调整这些建议。如果你需要更具体的款式或颜色搭配，可以进一步告诉我。同时，我会为你生成一张穿搭的参考图片，如图7-13所示。

这是我为你生成的穿搭参考图片。图片展示了一位25岁、个子较小、微胖的女性在周末与朋友聚会时的时尚舒适穿搭。整体风格休闲又得体，适合社交场合。希望这个参考能给你一些灵感。如果你有任何其他问题或需要进一步的建议，请随时告诉我。

图7-13

7.4.2 生活助手

在快节奏的现代生活中，高效的时间管理和便捷的生活服务显得尤为重要。智谱清言，作为一款全方位的生活助手，致力于帮助用户轻松应对日常生活中的种种挑战，让每一天都过得更加有序和轻松。以下是在生活中比较常见的案例。

1. 日程管理

养成良好的生活习惯是提高生活品质的关键。智谱清言的日程管理功能，让这一目标变得触手可及。例如，用户可以根据自己的生活习惯和工作需求，设定每天的起床时间、锻炼时间，通过每日的定时提醒，智谱清言可以帮助用户逐渐养成早睡早起、规律锻炼等健康习惯。长期坚持，受益无穷。

用户：

清言，为我设定一个早上七点半的时间，轻柔地唤醒我，并提供当日的天气和穿衣建议

智谱清言：

好的，已为您设定早上七点半的闹钟。明天早晨，我会以轻柔的音乐和提醒来唤醒您。同时，我会为您提供当日的天气预报和穿衣建议。

模拟场景：

[第二天早上七点半，清言的闹钟响起]

清言：早上好，是时候起床了。今天阳光明媚，外面温度为15摄氏度，适合穿着长袖上衣和薄外套。记得携带一件轻便的外套，以应对可能的温度变化。祝您有一个美好的一天！

[用户起床后，可以感受到清言的温馨提醒，根据天气情况选择合适的衣物，开始新的一天。]

2. 购物助手

购物是日常生活中不可或缺的一部分。智谱清言的购物助手功能，让购物变得更加高效和智能，给用户带来了智慧消费新体验。例如，用户可以随时随地在智谱清言上创建个性化的购物清单，并智能比较同一商品在不同平台上的价格来帮助用户做出更经济的购买选择。

用户：

我的好朋友快过生日了，我想送给她一个卡西欧的手表，你能给我推荐一些简单大方的手表款式，并帮我比较一下在哪个平台上购买会更划算吗?

智谱清言：

为您推荐几款卡西欧简约风格的手表，这些手表设计简单大方，适合作为礼物送给您的朋友。

1.卡西欧经典系列：卡西欧的手表种类繁多，其中一些经典系列如G-Shock和Baby-G等，都提供了简单大方的款式。例如，G-Shock的某些款式以其简洁的线条和实用的功能受到欢迎。

2. 简约风格选择：卡西欧官方网站上展示的一些简约风格手表，去掉了不必要的装饰，表盘只呈现数字和指针这两个基本元素，既保持了简约风格，又散发出精致的气息。

……

关于在哪个平台上购买，为了确保购买的是正品且价格合理，您可以考虑以下几个选项：

-卡西欧官方网站：直接在卡西欧的官方网站上购买，可以确保产品的正品性。

-大型电商平台：如京东、天猫等，这些平台通常提供正品保证，且常有促销活动。

-实体店：在实体店购买，您可以现场体验手表，但价格可能相对较高。

在比较价格时，可以关注这些平台的促销活动和服务政策，选择性价比最高的购买渠道。以上信息来源于知乎的卡西欧手表推荐文章和卡西欧官方网站，您可以根据这些信息做出更适合的选择。

7.4.3 娱乐互动

在娱乐互动方面，智谱清言提供了丰富的功能，旨在为用户提供丰富多样的娱乐体验，增加生活乐趣。用户可以在闲暇之余，与智谱清言进行互动，享受轻松愉快的时光。以下是对该功能的分门别类介绍，以及典型的案例。

1. 视频通话

智谱清言的视频通话功能是该平台上一个创新的互动特性，它能够通过手机或AIPC的摄像头与人互动，并可以通过视频流理解当前对话的环境，包括人物状态和背景环境。

例如，用户可以将摄像头对准一套试卷并圈出其中一题请AI解答，智谱清言就能实时识别并给出相应解答；或者将摄像头对准动物进行拍摄，智谱清言可以准确地识别出动物的情绪，如图7-14所示。

图 7-14

这种功能的实时推理能力非常强大，即使用户频繁打断对话，AI仍能准确反应。这显示了智谱清言App在视频通话方面的先进技术和高度智能化。

2. 影视推荐

智谱清言可以根据用户的观影喜好推荐电影、电视剧，并提供影评和观看平台信息。例如，用户询问“智谱清言，最近有什么好看的电影”，智谱清言会推荐当前热门电影，并提供影片的基本信息和情节概要，如下所示。

用户：

智谱清言，最近有什么好看的电影?

智谱清言：

2024年有很多值得一看的电影。以下是一些推荐：

《沙丘2》：这部科幻史诗续作由丹尼斯·维伦纽瓦执导，提莫西·查拉梅、赞达亚等主演。它延续了保罗·亚崔迪在厄拉科斯星球上的冒险与成长，探索权力、政治和命运之间的复杂关系。

《默杀》：这是2019年高分犯罪电影《误杀》的导演柯汶利的新作品，主演王传君、张钧甯、吴镇宇。

《欢迎来到我身边》：于适和王影璐领衔主演的爱情喜剧电影，讲述了男主角失恋后遭遇一场意外，之后与女主角展开一场啼笑皆非之旅的故事。

《神偷奶爸4》：照明娱乐出品的动画电影，格鲁和露西一家即将迎接新成员小宝宝迷你格鲁。

《九龙城寨之围城》：由郑保瑞执导，古天乐和洪金宝主演的香港动作犯罪片，背景设定在中国香港九龙城寨。

这些电影涵盖了科幻、动作、动画等多种类型，各具特色与魅力，是影迷不容错过的视听盛宴。

7.4.4 健康咨询

智谱清言的健康咨询功能，可以为用户提供专业的健康建议。用户只需输入自己的症状和需求，系统便会给出相应的解决方案。此外，智谱清言还能根据用户的健康状况，提供饮食、运动等方面的建议。

健康咨询服务通常提供以下几种服务，旨在帮助用户维护和改善健康状况。

1. 疾病症状分析与建议

智谱清言可以利用人工智能技术分析用户的症状描述，提供可能的疾病假设。根据症状严重程度，建议合适的就医途径，如家庭治疗、门诊预约或紧急就医。

用户：

赵三最近总是胸口闷，喘不上气来，夜里睡觉还总是打鼾，磨牙，这是不是身体出现了问题?

智谱清言：

赵三的症状，包括胸口闷、喘不上气、夜间打鼾和磨牙，可能是几个不同健康问题的表现。这些症状可能与以下情况有关：

睡眠呼吸暂停综合征：这是一种常见的睡眠障碍，特点是夜间打鼾、呼吸暂停和白天过度嗜睡。胸口闷和呼吸困难可能是因为睡眠中的呼吸暂停导致的氧气不足。

心血管问题：胸口闷和呼吸困难也可能是心脏或血管问题的症状，如心绞痛、心力衰竭等。

呼吸道问题：哮喘、慢性阻塞性肺病（COPD）等呼吸道疾病也可能导致这些症状。

焦虑或压力：心理因素，如焦虑、压力或抑郁，也可能导致胸口闷和呼吸困难。

磨牙：磨牙（睡眠中的牙齿摩擦）可能与压力、焦虑、牙齿不齐或其他口腔问题有关。

鉴于这些症状可能涉及多个系统和不同的健康问题，建议赵三尽快咨询医生进行全面的检查和评估。医生可能会建议进行睡眠研究、心电图、肺功能测试等检查，以确定症状的确切原因，并提供相应的治疗建议。

2. 营养管理与定制饮食计划

智谱清言可以根据用户的体重、年龄、性别、身体活动水平等，计算每日所需营养素摄入量。提供定制化的饮食计划，包括特定疾病（如糖尿病、高血压）的饮食调整建议。

用户：

我经常加班熬夜，晚餐通常很晚，这会影响我的健身效果吗?我该怎么调整呢?

智谱清言：

经常加班熬夜，晚餐吃得晚确实可能会影响健身效果。以下是一些建议，帮助你调整饮食和健身计划：

1.控制晚餐分量：晚上吃得过饱可能会导致消化不良，影响睡眠质量。尽量选择轻量、易消化的食物。

2. 避免高脂肪和高糖食物：这类食物可能会导致能量迅速上升后又快速下降，影响睡眠。选择富含蛋白质和纤维的食物，如瘦肉、蔬菜和全谷物。

……

6. 适量补充营养：加班熬夜可能会消耗更多的营养，适当补充维生素和矿物质，保持身体活力。

7. 注意休息和恢复：确保有足够的休息时间，帮助身体恢复和重建。

每个人的身体状况和生活习惯不同，可能需要根据个人情况做出适当的调整。如果可能，建议咨询专业的营养师或健身教练，以获得更个性化的建议。

3. 心理健康支持与辅导

智谱清言可以提供在线心理咨询服务，帮助用户应对抑郁、焦虑、压力管理等心理健康问题。开展心理健康教育，提高用户对心理问题的认识和自我调节能力。

用户：

我最近心情很低落，高兴不起来，是不是抑郁症啊?

智谱清言：

首先，我想说，你愿意分享自己的感受，这本身就是很重要的一步。心情低落可能是多种原因引起的，包括生活中的压力、情感问题、身体健康状况，或者是抑郁症等心理健康问题。抑郁症是一种常见的心理健康问题，它不仅仅是短期的情绪低落，而是一种持续性的情绪障碍，可能会影响你的日常生活、工作和人际关系。

如果你最近感到心情低落，持续感到悲伤、无助、对平时感兴趣的活动失去兴趣，或者伴有睡眠和食欲的变化，这些可能是抑郁症的迹象。然而，只有专业的心理健康专家才能做出准确的诊断。

我建议你考虑以下几个步骤：

1. 自我关怀：确保你有足够的休息，保持健康的饮食，进行适量的运动，这些都有助于改善情绪。

2. 分享感受：和家人、朋友或者信任的人谈谈你的感受，社会支持对于情绪改善非常重要。

3. 专业帮助：如果你发现自己无法摆脱这种低落的情绪，或者这些情绪严重影响了你的日常生活，寻求专业的心理咨询是非常有帮助的。

记住，你并不孤单，而且寻求帮助是勇敢和积极的行为。如果你需要更多帮助或者有其他问题，我在这里愿意倾听和支持你。

第 8 章　答疑解惑：AI 工具的常见问题

在当今社会，人工智能（AI）技术的快速发展给我们的生活带来了巨大的变化。AI工具已经渗透到各个领域，从智能家居到自动驾驶，从医疗诊断到金融服务，AI发挥着越来越重要的作用。然而，随着AI技术的普及和应用，也带来了一系列的问题和挑战。

本章将探讨AI工具的常见问题，具体包括伦理问题、安全问题、AI工具的发展趋势及如何在AI时代成为佼佼者。

8.1 AI工具的发展趋势

从简单辅助到多领域深度融合，AI工具展现出了强大的变革力量。随着算法、算力及数据的不断进步，AI正解锁更复杂、智能的应用场景，引领各行各业智能化转型。本节将深入探讨AI工具的发展趋势，全面剖析AI工具的发展前景与挑战。

8.1.1 融合多模态技术

AI工具的发展趋势之一是融合多模态技术。多模态技术是指将不同类型的数据（如文本、图像、声音等）进行整合和分析，以提供更全面、更准确的信息，帮助AI工具处理更复杂的场景和任务。例如，在医疗领域，AI可以通过分析患者的病历记录、影像学资料及语音对话等多源数据进行综合诊断，提高准确性和效率，如图 8-1所示。

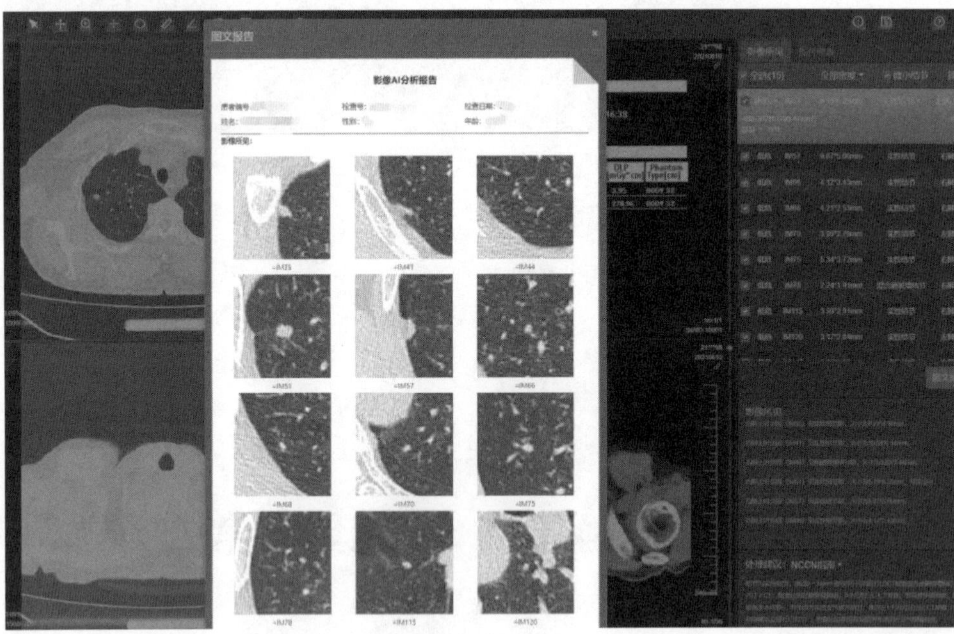

图 8-1

以下是对融合多模态技术的详细讨论和解决方案。

1. 融合多模态技术的表现

（1）多模态输入：AI工具能够同时处理和解析多种类型的数据，如文本、图像、声音等。

（2）多模态输出：AI工具能够生成多种类型的输出，如同时生成文本和图像的摘要。

（3）跨模态理解：AI工具能够理解和关联不同模态数据之间的信息，如将图像中的对象与文本中的描述相对应。

2. 融合多模态技术的解决方案

（1）数据预处理：对多模态数据进行预处理，如同步、对齐和格式化，以便于后续的分析和处理。

（2）特征提取：从不同模态的数据中提取特征，如使用卷积神经网络（CNN）从图像中提取特征、使用循环神经网络（RNN）从文本中提取特征。

（3）模态融合：采用模态融合技术，如早期融合、晚期融合或联合表示学习，将不同模态的特征进行整合。

（4）多任务学习：通过多任务学习，同时训练模型完成多个相关的任务，以提高模型的泛化能力。

（5）模型优化：使用优化技术，如迁移学习和微调，来提高模型的性能和效率。

（6）评估和验证：在多个数据集和任务上评估和验证模型的性能，确保其有效性和可靠性。

3. 融合多模态技术的挑战

（1）技术挑战：设计和实施融合多模态技术的AI工具是一个技术上的挑战，需要深入的研究和创新。

（2）数据挑战：收集和标注多模态数据可能需要大量的资源和时间。

（3）模型复杂性：融合多模态技术可能增加模型的复杂性，导致训练和部署的难度增加。

总之，融合多模态技术是AI工具发展的一个重要趋势，它能够帮助AI更好地理解和处理复杂的场景和任务。通过数据预处理、特征提取、模态融合、多任务学习、模型优化和评估验证等多方面的努力，可以克服融合多模态技术的挑战，并实现更全面、更准确的AI应用。

8.1.2　智能化与协同化

智能化与协同化是AI工具的发展趋势。智能化是指AI工具具有自我学习和自我优化的能力，协同化是指AI工具能够与其他工具或系统进行有效的协同工作。二者之间相互促进，共同推动着AI技术的进步和应用，使得AI能够更好地适应复杂多变的环境，并在需要时自动调整策略。

例如，自动驾驶汽车不仅能够独立完成驾驶任务，还能够与其他车辆和交通设施进行实时通信和数据共享，以提高道路安全性和通行效率。

下面将通过具体案例来介绍智能化与协同化的方式。

1. 智能化案例：智能医疗系统

智能医疗系统是一个集成了多种AI技术的应用，能够帮助医生进行诊断、治疗和患者管理。例如，一个智能医疗系统可能包括以下组件。

- 图像识别：使用深度学习算法，智能医疗系统能够从医学图像中自动识别疾病特征，如肿瘤、骨折等。
- 自然语言处理：智能医疗系统能够理解和处理医生的文字记录，提取关键信息，如病史、用药情况等。
- 预测分析：通过分析患者的数据，智能医疗系统能够预测疾病的发展趋势，提供个性化的治疗建议。

这个案例展示了AI工具的智能化，通过集成多种AI技术，提供更准确、更个性化的医疗服务。

2. 协同化案例：智能交通系统

智能交通系统是一个集成了多种AI技术的应用，它能够帮助交通管理部门进行交通监控、调度和规划，如图 8-2所示。例如，一个智能交通系统可能包括以下组件。

图 8-2

➢ 实时监控：使用摄像头和传感器，智能交通系统能够实时监控交通状况，如车流量、事故等。

➢ 数据共享：智能交通系统能够将收集到的数据共享给其他相关部门，如公安、消防等，以便于协同应对突发事件。

➢ 智能调度：通过分析交通数据，智能交通系统能够自动调整信号灯的配时，优化交通流，减少拥堵。

这个案例展示了AI工具的协同化，它通过集成多种AI技术，提供更高效、更协同的交通管理服务。

3. 智能化与协同化的结合

智能化与协同化是相辅相成的，它们共同推动AI工具的发展。例如，在智能医疗系统中，智能化技术提高了诊断的准确性，而协同化技术则使得医生、患者和其他医疗人员能够更好地协作，提高治疗效果。在智能交通系统中，智能化技术提高了交通管理的效率，而协同化技术则使得不同部门能够更好地协同工作，提高应对突发事件的能力。

总之，智能化与协同化是AI工具发展的两个重要趋势，它们通过集成多种AI技术，提供更准确、更高效、更协同的服务。通过具体的案例，可以看到智能化与协同化在实际应用中的巨大潜力。

8.1.3　实时多模态AI的普及

实时多模态AI是指能够实时处理和分析多种类型数据的AI工具。随着计算能力的提升和算法的优化，实时多模态AI的应用将越来越广泛。未来AI工具将在保证高精度和高速度的同时，实现对各种数据的实时处理和分析。这将极大地拓宽AI的应用范围，使其能够在更多关键领域发挥作用。

例如，在金融交易市场中，实时AI算法可以快速识别市场趋势并进行即时交易决策，帮助投资者抓住最佳时机；将实时多模态AI用于智能监控系统，通过分析视频和音频数据，可以实时识别异常行为和事件。

这种技术的普及带来了许多便利和创新，尤其在交互式和动态环境中。以下是一些关于实时多模态AI普及的详细讨论和案例。

1. 实时多模态AI普及的表现

（1）交互式体验：实时多模态AI系统能够通过语音、手势等方式与用户进行交互，提供更自然、更直观的体验。

（2）动态环境适应：在不断变化的环境中，实时多模态AI系统能够快速适应并做出相应的响应。

（3）多任务处理：实时多模态AI系统能够同时处理多种类型的任务，如语音识别、图像识别、自然语言处理等。

2. 实时多模态AI普及的解决方案

（1）高效的算法和模型：开发高效的算法和模型，以实现实时处理和分析多种类型数据。

（2）云计算和边缘计算：利用云计算和边缘计算技术，提高实时多模态AI系统的处理速度和响应能力。

（3）多模态数据融合：采用多模态数据融合技术，将不同类型的数据进行整合和分析，以提供更全面的信息。

（4）用户界面和交互设计：优化用户界面和交互设计，以提高用户体验和系统的易用性。

（5）数据安全和隐私保护：加强数据安全和隐私保护，确保实时多模态AI系统的安全性和可靠性。

3. 实时多模态AI普及的案例

案例一 智能助手

苹果的Siri、亚马逊的Alexa等智能助手能够实时处理用户的语音指令，并提供相应的服务，如图 8-3所示。

案例二 智能家居

智能家居系统能够通过语音和手势识别实时响应用户的指令，控制家中的各种设备。例如，连接了智能设备的窗帘，只需要直接下达指令“打开/关闭窗帘”，即可完成窗帘的打开/关闭行动，如图 8-4所示。

图 8-3

图 8-4

案例三　自动驾驶

自动驾驶汽车能够实时处理和分析来自多个传感器的数据，如摄像头、雷达、激光雷达等，以做出安全驾驶的决策。例如，自动驾驶出行服务平台“萝卜快跑”，如图8-5所示。截至2024年4月19日，“萝卜快跑”在开放道路提供的累计单量超过600万，稳居全球最大的自动驾驶出行服务商。

图 8-5

实时多模态AI的普及是AI技术发展的重要趋势，它能够提供更加自然、高效和动态的交互体验。通过高效的算法、多模态数据融合和用户界面设计等解决方案，可以克服实时多模态AI普及的挑战，并实现更广泛的应用。

8.1.4　AI工具的深度集成与定制化

AI工具的发展趋势之四是深度集成与定制化。深度集成是指AI工具能够与其他系统或平台进行深度集成，定制化是指AI工具能够根据用户的具体需求进行个性化定制。

随着AI技术的不断成熟和应用领域的扩展，企业和组织将会越来越需要将AI工具与现有系统和服务深度集成，以实现更高的效率和更好的用户体验。同时，通过深入理解客户的具体业务流程和痛点问题，AI提供商则可以为每个客户提供量身定制的解决方案，满足特定行业或组织的特定需求。

以下是一些关于AI工具深度集成与定制化的详细讨论和案例。

1. AI工具深度集成的表现

（1）与现有系统的集成：AI工具能够与企业的ERP、CRM、财务等系统深度集成，提供数据分析和预测等服务。

（2）跨平台协作：AI工具能够在不同的平台和设备上运行，实现数据和功能的无缝对接。

（3）自动化的业务流程：AI工具能够自动化企业的业务流程，如自动审批、智能调度等，提高工作效率。

2. AI工具定制化的表现

（1）行业特定解决方案：为特定行业提供定制化的AI解决方案，如金融行业的风险管理、医疗行业的疾病诊断等。

（2）个性化服务：根据用户的需求和偏好，提供个性化的AI服务，如智能推荐、个性化营销等。

（3）自定义功能和界面：允许用户自定义AI工具的功能和界面，以满足特定需求。

3. AI工具深度集成与定制化的案例

案例一 智能制造生产线上的视觉检测系统

例如，某汽车零部件制造商需要对其生产线上的产品进行质量检测。由于零部件种类繁多，尺寸和缺陷类型各异，传统的检测方法无法满足需求。AI工具可以与生产系统集成，实现智能调度、质量控制和预测性维护，如图 8-6所示。

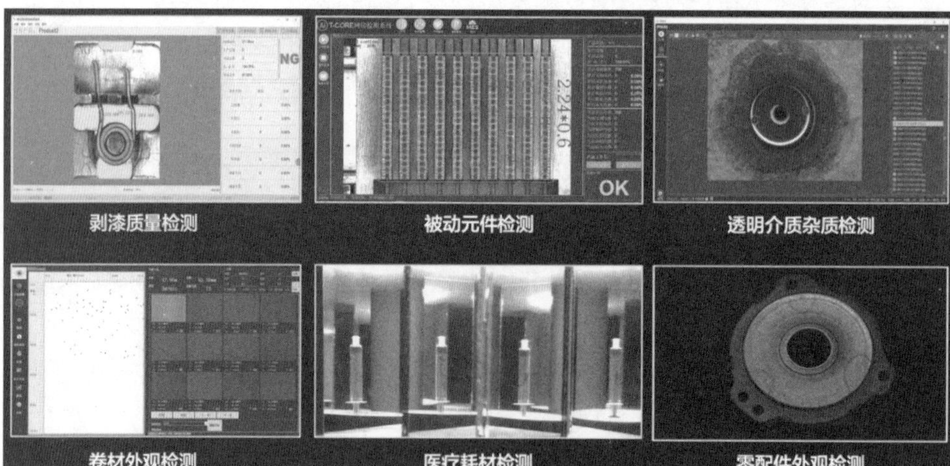

图 8-6

其深度集成与定制化实现的详细步骤如下。

（1）需求分析：与制造商紧密合作，了解每种零部件的具体检测需求和标准。

（2）数据采集：收集大量零部件的图像数据，包括正常样本和缺陷样本。

（3）模型训练：使用深度学习技术，为每种零部件定制训练专门的视觉检测模型。

（4）系统集成：将AI检测模型与生产线上的自动化系统深度集成，确保检测过程与生产流程无缝对接。

（5）实时反馈：检测系统实时反馈结果，一旦发现缺陷，立即通知生产线进行调整或停机。

（6）持续优化：根据生产过程中收集的新数据，不断优化检测模型，提高检测精度和效率。

案例二 零售行业的智能客户服务系统

例如，一家大型零售商希望通过AI工具提升在线客户服务质量，解决客户咨询响应时间长、服务不个性化的问题。企业可以将智能客服系统与现有的客户服务系统深度集成，提供24小时不间断的客户服务。

（1）用户画像：分析客户的购买历史、浏览行为和互动记录，构建详细的用户画像。

（2）对话系统定制：基于用户画像，定制智能对话系统，使其能够提供个性化的服务建议和解答。

（3）API集成：将对话系统集成到现有的客户服务平台，如网站、移动应用和社交媒体渠道。

（4）多渠道同步：确保客户在不同渠道上的互动信息能够同步，提供连贯的服务体验。

（5）反馈循环：收集客户与对话系统的互动数据，用于不断优化对话系统的响应策略和个性化水平。

案例三 金融行业的风险评估系统

一家银行希望提高信贷风险评估的准确性，减少坏账风险，同时提高审批效率。利用风险评估系统，可以提高工作效率，减少损失，如图8-7所示。

其深度集成与定制化实现流程如下。

（1）数据整合：整合客户的财务数据、交易记录、社会信用数据等多源信息。

（2）模型开发：基于银行的风险偏好和业务特点，定制开发风险评估模型。

（3）系统融合：将AI风险评估模型与银行的信贷管理系统深度集成，实现自动审批流程。

（4）合规性考虑：确保AI工具的使用符合监管要求，保证评估过程的透明度和可解释性。

（5）动态调整：根据市场变化和业务发展，定期更新风险评估模型，保持其准确性和适应性。

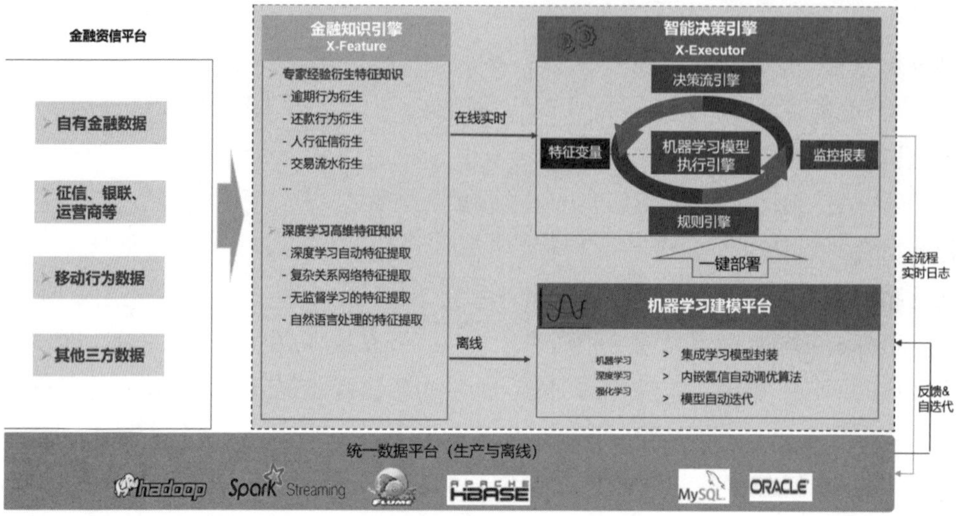

图 8-7

上述这些案例充分展示了AI工具是如何通过深度集成与定制化来满足特定行业和业务场景的需求的，它能够帮助企业和组织提高效率、降低成本，从而为企业带来实质性的价值。

8.2 如何成为 AI 时代的佼佼者

随着AI技术的不断进步，AI已经成为推动社会发展的关键力量，对于个人和企业而言，掌握AI技术的重要性不言而喻。本节将探讨为何每个人都应致力于成为AI时代的佼佼者，以及这一目标对于个人职业发展和社会整体进步的深远意义。

8.2.1 掌握AI基础知识

成为AI时代的佼佼者，首先需要掌握AI的基础知识，这是进入AI领域的第一步，对于初学者和外行人来说至关重要。以下是一些必须掌握的基本的AI知识。

1. AI的历史

了解AI的历史可以帮助我们更好地理解其发展和演变。AI的概念最早可以追溯到20世纪40年代和50年代，当时研究者开始探索机器是否能像人类一样进行思考和解决问题。而后，AI的发展经历了多个阶段，包括早期基于规则的系统、基于统计的学习方法、深度学习的兴起等。

例如，1950年，图灵提出了“图灵测试”，用以判断机器是否具有智能。1997年，IBM的“深蓝”计算机击败了世界象棋冠军加里·卡斯帕罗夫，这是AI在游戏领域的一个重要里程碑。

2. AI的定义和主要分支

AI即人工智能，是指使计算机系统能够模拟人类智能行为的技术。AI包括多个分支，如机器学习、深度学习、自然语言处理等，每个分支都有其特定的应用场景和关键技术，具体内容如下。

1）机器学习

机器学习是AI的核心，它使计算机能够从数据中学习并做出决策。其基本思想是通过算法让计算机从大量数据中提取规律和模式，然后利用这些规律和模式对新数据进行预测和决策。

例如，Netflix使用机器学习算法来推荐电影和电视节目。Netflix根据用户的观看历史和评分来预测他们的喜好，从而为每个用户提供个性化的推荐。这种算法通过不断学习和优化，提高了推荐准确性和用户满意度。

2）深度学习

深度学习是机器学习的一个子集，它通过神经网络模拟人脑处理信息的方式。深度学习在图像识别、语音识别、自然语言处理等领域取得了显著成果。

例如，谷歌的AlphaGo在2016年击败了世界围棋冠军李世石，展示了深度学习在复杂策略游戏中的强大能力，如图 8-8所示。AlphaGo通过深度学习算法，从大量围棋对局中学习策略和技巧，最终超越了人类顶尖选手。

图 8-8

3）自然语言处理

自然语言处理是AI的一个重要分支，它关注让计算机理解和生成人类语言。自然语言处理技术在机器翻译、情感分析、智能客服等领域有广泛应用。

例如，亚马逊的Alexa和苹果的Siri都是使用自然语言处理技术的智能助手。它们能够理解和回应用户的语音指令，如设定闹钟、查询天气、播放音乐等。这些智能助手通过不断学习和优化，提高了语音识别的准确性和用户体验。

3. AI的技术应用

AI的技术应用已经深入到人们生活的方方面面，为人们的生活带来了前所未有的便利和效率。以下是几个关键领域的具体案例。

1）医疗领域

一位医生面对一个复杂的病例，可以利用AI来分析成千上万的医学文献和患者数据，迅速找到最可能的诊断和治疗方案。例如，IBM的Watson Health就能利用AI分析医学文献和患者数据，帮助医生做出更准确的诊断。它就像一个超级医生助手，不仅能够消化和理解大量的医疗信息，还能提出创新的治疗方法。

2）金融领域

AI可以用于信用评估和风险管理。在金融的世界里，AI像一个精明的分析师，能够通过分析大量的市场数据，预测未来的趋势。例如，摩根大通使用AI算法来分析市场动态，这些算法就像金融界的先知，能够洞察市场的微妙变化，帮助银行做出更明智的投资决策，从而在竞争激烈的市场中保持领先。

3）教育领域

AI可以实现个性化学习推荐和智能辅导。在教育领域，AI化身成为一个个性化的学习导师，能够根据每个学生的学习习惯和表现，提供量身定制的学习路径和建议。例如，Coursera和edX等在线教育平台利用AI技术，分析学生的学习数据，就像一个了解学生需求的贴心朋友，帮助他们更有效地学习，实现个人化的教育体验。

4）交通领域

除此之外，在交通领域，AI 就像一个智能的导航员，能够优化路线规划，甚至实现自动驾驶。以特斯拉的自动驾驶系统为例，它利用AI技术来识别道路状况和障碍物，能够在复杂的交通环境中做出快速而准确的决策，提供安全舒适的驾驶体验。

4. 掌握AI基础知识的方法

➢ 学习资源：可以通过在线课程、教科书、研讨会和讲座等途径学习AI基础知识。

➢ 实践项目：通过参与实际项目，将所学知识应用到实践中，提高自己的技能。

➢ 加入社区：加入AI相关的社区和论坛，与其他学习者和专家交流和分享经验。

总的来说，掌握AI基础知识是进入AI领域的第一步，通过不断学习和实践，用户可以深入了解AI的各个方面，并在这个不断发展的领域取得成功。

8.2.2 关注AI前沿技术

AI技术日新月异，要想成为佼佼者，需要关注AI的前沿技术和发展趋势。通过阅读相关的研究论文、参加行业会议和研讨会，了解最新的AI技术动态，将有助于在AI领域保持竞争力。

1. 阅读研究论文

制订每周或每月的阅读计划，专注于最新发表的论文，如NeurIPS、ICML、CVPR、ACL等，这些论文往往代表了AI领域的最新研究进展。

使用文献管理工具，如Mendeley或Zotero，来组织和管理阅读列表，也可以使用arXiv、Google Scholar等平台来追踪和阅读这些论文。

加入论文讨论小组，与他人讨论和解析最新的研究成果。

2. 参加行业会议和研讨会

积极参与AI相关的会议、研讨会和网络研讨会。这些活动不仅是获取新知识的好机会，也是与行业专家和同行交流的绝佳平台。

例如，计划每年参加至少一次主要的AI会议，如NeurIPS、ICML等。如果无法亲自参加，可以观看会议的在线直播或回放；另外，在会议期间，要积极参与提问和交流，与领域内的专家建立联系。

3. 关注行业领袖和专家

关注AI领域的知名专家和公司，如DeepMind、OpenAI、谷歌AI等。它们通常会在社交媒体上分享最新的研究成果和技术动态，可以定期查看它们的更新，了解它们正在关注的问题和项目。

4. 订阅专业资讯和博客

订阅AI相关的专业资讯网站、博客和新闻简报，如MIT Technology Review、Wired、TechCrunch等，这些媒体经常报道AI领域的最新动态和趋势。

5. 加入专业社区和论坛

加入AI相关的在线社区和论坛，如Reddit的r/MachineLearning、Stack Overflow的AI板块等。在这些平台上，可以与其他AI爱好者交流心得，讨论最新的技术和应用。

6. 实践和项目经验

通过实际项目和实验来应用最新的AI技术，这不仅可以帮助用户更好地理解理论，还能提高解决实际问题的能力。例如，定期参与Kaggle等数据科学竞赛，应用和测试你的AI技能；或者开发个人项目，如构建一个简单的聊天机器人或图像识别系统。

7. 持续学习和培训

报名参加AI和机器学习的高级课程和培训，如Coursera、edX上的AI和机器学习课程。这些课程通常由行业专家授课，内容更新及时。更重要的是，完成课程后，可以获得认证，这可以作为技能水平的证明。

通过上述建议，不仅能够更深入地了解AI领域的最新技术，还能够建立起一个强大的专业网络，这对于在AI领域保持竞争力至关重要。

8.2.3 培养跨学科能力

在AI时代，成为佼佼者不仅需要专业知识，还需要具备跨学科的能力。AI技术本身就是一个跨学科领域，涉及计算机科学、数学、心理学、语言学等多个学科。因此，培养跨学科能力对于理解和应用AI工具至关重要。

为了培养跨学科能力，可以采取以下措施。

1. 建立跨学科的知识体系

除了深入学习自己的专业领域，还应该了解其他相关学科的基础知识和最新进展。例如，学习一些基础的心理学知识可以帮助我们更好地理解用户行为，从而设计出更符合用户需求的AI产品。

基本方法如下。

- 制订学习计划，包括计算机科学、数学、心理学和语言学等基础课程。
- 利用在线资源，如Coursera、edX等平台，报名参加相关课程。
- 阅读跨学科的经典书籍和最新研究论文，以拓宽知识面。

2. 参与跨学科项目

积极参与跨学科的研究项目或实践项目，可以帮助我们更好地理解不同学科之间的联系和相互作用。例如，参与一个结合了计算机科学和生物学的项目，可以帮助我们更好地理解生物信息学这一新兴领域。

基本方法如下。

➢ 加入或创建跨学科的研究小组，与不同背景的成员合作。

➢ 参与实际的跨学科项目，如开发一个结合了AI和生物学的健康监测应用。

➢ 通过实习或兼职，参与企业的跨学科项目，获得实践经验。

3. 与不同学科背景的人交流和合作

与来自不同学科背景的人交流和合作，可以帮助我们拓宽视野，了解不同的思维方式和解决问题的方法。例如，与心理学家合作，可以帮助我们更好地理解人类的学习和记忆机制，从而设计出更有效的教育AI产品。

基本方法如下。

➢ 参加学术会议、研讨会和工作坊，与来自不同学科的人交流。

➢ 加入专业社群和论坛，如LinkedIn上的AI和机器学习群组，与业界人士交流。

➢ 寻找导师或行业导师，他们可以提供跨学科学习的指导和资源。

4. 持续学习和自我提升

在AI时代，知识更新迅速，我们需要不断学习和自我提升，以保持竞争力。例如，通过参加在线课程、阅读相关书籍和论文，可以了解最新的AI技术和应用，从而为自己的跨学科能力打下坚实的基础。

基本方法如下。

➢ 定期参加在线研讨会和网络研讨会，了解最新的AI技术和应用。

➢ 订阅相关的学术期刊和行业杂志，保持对最新研究的关注。

➢ 通过实际项目来应用所学知识，如开发一个简单的聊天机器人或数据分析项目。

总之，培养跨学科能力是成为AI时代佼佼者的重要途径。通过上述建议，可以提高自己的跨学科能力，从而更好地理解和应用AI技术，为AI时代的发展做出贡献。

8.2.4　AI时代的职业规划

在AI时代，职业规划也需要与时俱进。随着AI技术的快速发展，许多传统职业可能会被自动化和智能化取代，同时也会出现许多新的职业机会。因此，需要根据AI时代的特点和趋势，制订合适的职业规划。

以下是一些建议，帮助用户进行职业规划。

1. 提升自身技能

学习编程、数据分析、机器学习等与AI相关的技能，这些技能在未来的职场中将具有很高的竞争力。同时，提升跨学科能力，如将技术与行业知识相结合，以提高自己的不可替代性。

在AI时代，终身学习将成为一种常态。可以在闲暇时间利用在线课程、职业培训等资源，不断提升自己的知识和技能。

2. 关注行业动态

密切关注AI技术在各行业的应用和发展，了解哪些行业和岗位更容易受到AI的影响，从而提前做好职业转型准备。例如，努力培养自己的创新思维，敢于尝试新事物，以适应不断变化的工作环境。

3. 强化沟通与协作能力

虽然AI可以处理许多任务，但人与人之间的沟通与协作仍然是不可或缺的。提升自己在这方面的能力，有助于在职场中更好地发挥团队协作优势。

4. 适应灵活就业

AI时代，共享经济、远程办公等新型就业形式将越来越普遍。适应这些灵活的就业方式，可以拓宽职业发展道路。在职业规划中，不仅要关注薪资和职位，还要关注个人成长和职业兴趣。找到适合自己的职业路径，实现职业生涯的可持续发展。

5. 关注人机协作

了解如何在人与AI的合作中发挥各自的优势，学会利用AI工具提高工作效率，实现职业发展。提前做好风险评估，有助于规避潜在的职业危机。

6. 培养跨文化能力

随着AI技术的全球化，跨文化沟通能力变得越来越重要。提升自己的跨文化素养，有助于在国际化职场中脱颖而出。

总之，AI时代的职业规划需要我们了解AI技术的发展趋势和行业需求，选择合适的职业路径，并不断学习和提升自己的能力。通过制订合适的职业规划，可以抓住AI时代的机遇，实现自己的职业发展目标。